ⓦ 완자

격

Q 왜 공부력을 키워야 할까요?

쓰기력

정확한 의사소통의 기본기이며 논리의 바탕

연필을 잡고 종이에 쓰는 것을 괴로워한다!
맞춤법을 몰라 정확한 쓰기를 못한다!
말은 잘하지만 조리 있게 쓰는 것이 어렵다!
그래서 글쓰기의 기본 규칙을 정확히 알고
써야 공부 능력이 향상됩니다.

어휘력

교과 내용 이해와 독해력의 기본 바탕

어휘를 몰라서 수학 문제를 못 푼다!
어휘를 몰라서 사회, 과학 내용 이해가 안 된다!
어휘를 몰라서 수업 내용을 따라가기 어렵다!
그래서 교과 내용 이해의 기본 바탕을
다지기 위해 어휘 학습을 해야 합니다.

독해력

모든 교과 실력 향상의 기본 바탕

글을 읽었지만 무슨 내용인지 모른다!
글을 읽고 이해하는 데 시간이 오래 걸린다!
읽어서 이해하는 공부 방식을 거부하려고 한다!
그래서 통합적 사고력의 바탕인 독해 공부로
교과 실력 향상의 기본기를 닦아야 합니다.

계산력

초등 수학의 핵심이자 기본 바탕

계산 과정의 실수가 잦다!
계산을 하긴 하는데 시간이 오래 걸린다!
계산은 하는데 계산 개념을 정확히 모른다!
그래서 계산 개념을 익히고 속도와 정확성을
높이기 위한 훈련을 통해 계산력을 키워야 합니다.

세상이 변해도
배움의 즐거움은
변함없도록

시대는 빠르게 변해도
배움의 즐거움은
변함없어야 하기에

어제의 비상은
남다른 교재부터
결이 다른 콘텐츠
전에 없던 교육 플랫폼까지

변함없는 혁신으로
교육 문화 환경의 새로운 전형을
실현해왔습니다.

비상은 오늘, 다시 한번
새로운 교육 문화 환경을 실현하기 위한
또 하나의 혁신을 시작합니다.

오늘의 내가 어제의 나를 초월하고
오늘의 교육이 어제의 교육을 초월하여
배움의 즐거움을 지속하는 혁신,

바로, 메타인지 기반 완전 학습을.

상상을 실현하는 교육 문화 기업 비상

메타인지 기반 완전 학습

초월을 뜻하는 meta와 생각을 뜻하는 인지가 결합한 메타인지는
자신이 알고 모르는 것을 스스로 구분하고 학습계획을 세우도록 하는
궁극의 학습 능력입니다. 비상의 메타인지 기반 완전 학습 시스템은
잠들어 있는 메타인지를 깨워 공부를 100% 내 것으로 만들도록 합니다.

ω 완자

공부력

초등 수학

계산 5A

초등 수학 계산
단계별 구성

1A	1B	2A	2B	3A	3B
9까지의 수	100까지의 수	세 자리 수	네 자리 수	세 자리 수의 덧셈	곱하는 수가 한·두 자리 수인 곱셈
9까지의 수 모으기, 가르기	받아올림이 없는 두 자리 수의 덧셈	받아올림이 있는 두 자리 수의 덧셈	곱셈구구	세 자리 수의 뺄셈	나누는 수가 한 자리 수인 나눗셈
한 자리 수의 덧셈	받아내림이 없는 두 자리 수의 뺄셈	받아내림이 있는 두 자리 수의 뺄셈	길이(m, cm)의 합과 차	나눗셈의 의미	분수로 나타내기, 분수의 종류
한 자리 수의 뺄셈	100이 되는 더하기, 10에서 빼기	세 수의 덧셈과 뺄셈	시각과 시간	곱하는 수가 한 자리 수인 곱셈	들이·무게의 합과 차
50까지의 수	받아올림이 있는 (몇)+(몇), 받아내림이 있는 (십몇)-(몇)	곱셈의 의미		길이(cm와 mm, km와 m)· 시간의 합과 차	
				분수와 소수의 의미	

초등 수학의 핵심! **수, 연산, 측정, 규칙성** 영역에서
핵심 개념을 쉽게 이해하고, 다양한 계산 문제로 계산력을 키워요!

4A	4B	5A	5B	6A	6B
큰 수	분모가 같은 분수의 덧셈	자연수의 혼합 계산	수 어림하기	나누는 수가 자연수인 분수의 나눗셈	나누는 수가 분수인 분수의 나눗셈
각도의 합과 차, 삼각형·사각형의 각도의 합	분모가 같은 분수의 뺄셈	약수와 배수	분수의 곱셈	나누는 수가 자연수인 소수의 나눗셈	나누는 수가 소수인 소수의 나눗셈
세 자리 수와 두 자리 수의 곱셈	소수 사이의 관계	약분과 통분	소수의 곱셈	비와 비율	비례식과 비례배분
나누는 수가 두 자리 수인 나눗셈	소수의 덧셈	분모가 다른 분수의 덧셈	평균	직육면체의 부피	원주, 원의 넓이
	소수의 뺄셈	분모가 다른 분수의 뺄셈		직육면체의 겉넓이	
		다각형의 둘레와 넓이			

특징과 활용법

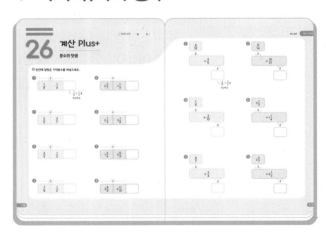

하루 4쪽 공부하기

✱ 차시별 공부

✱ 차시 섞어서 공부

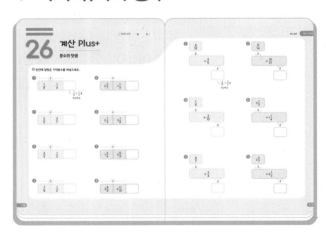

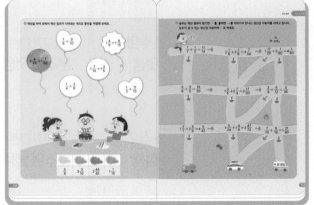

✱ 하루 4쪽씩 공부하고, 채점한 후, 틀린 문제를 다시 풀어요!

✅ 책으로 하루 4쪽 공부하며, 초등 계산력을 키워요!
✅ 모바일로 공부한 내용을 복습하고 몬스터를 잡아요!

공부한 내용 확인하기

※ **단원별 계산 평가**

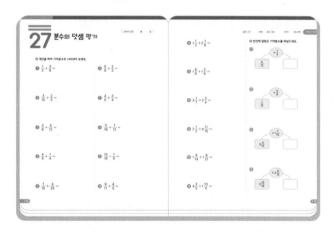

※ **단계별 계산 총정리 평가**

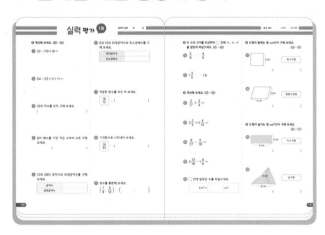

※ 평가를 통해 공부한 내용을 확인해요!

모바일로 복습하기

앱 다운받기

책 인증하기

※ 그날 배운 내용을 바로바로,
또는 주말에 모아서 복습하고,
다이아몬드 획득까지!
공부가 저절로 즐거워져요!

차례

1

덧셈, 뺄셈, 곱셈, 나눗셈이 섞여 있는 식에서의
계산 훈련이 중요한

자연수의 혼합 계산

덧셈과 뺄셈이 섞여 있는 식의 계산

○ **26−7+14의 계산**

> 덧셈과 뺄셈이 섞여 있는 식은
> 앞에서부터 차례대로 계산합니다.

$$26-7+14=33$$

❶ 19

❷ 33

○ **26−(7+14)의 계산**

> 덧셈과 뺄셈이 섞여 있고 (   )가 있는
> 식은 (   ) 안을 먼저 계산합니다.

$$26-(7+14)=5$$

❶ 21

❷ 5

○ 계산해 보세요.

1 $8+23-9=$

2 $12-5+19=$

3 $33+18-26=$

4 $50-15+38=$

5 $11+19-22=$

6 $25-8+36=$

7 $46+15-9=$

8 $74-55+23=$

⑨ $23+29-14=$

⑩ $32-23+15=$

⑪ $44+18-36=$

⑫ $51-16+17=$

⑬ $59+31-48=$

⑭ $63-28+27=$

⑮ $75+16-32=$

⑯ $24+38-16+9=$

⑰ $30-12+24-5=$

⑱ $48+8+9-26=$

⑲ $53+19-14-29=$

⑳ $61-37-5+16=$

㉑ $77-28+13+19=$

㉒ $84+7-56+15=$

○ 계산해 보세요.

㉓ $30-(16+8)=$

㉚ $44-(7+18)=$

㉔ $41-(9+23)=$

㉛ $52-(29+19)=$

㉕ $53-(28+9)=$

㉜ $71-(38+14)=$

㉖ $67-(19+19)=$

㉝ $80-(25+29)=$

㉗ $72-(6+38)=$

㉞ $93-(39+19)=$

㉘ $85-(17+49)=$

㉟ $102-(47+8)=$

㉙ $100-(48+37)=$

㊱ $113-(29+28)=$

㊲ $50-(16+8)+15=$

㊹ $53+17-(22-10)=$

㊳ $68+26-(37+19)=$

㊺ $61-16-(18+18)=$

㊴ $72-(21-13)+28=$

㊻ $74-(33-17)+29=$

㊵ $83-37-(9+29)=$

㊼ $89-(29+26)+7=$

㊶ $91-(17+28)-18=$

㊽ $96+16-(57+29)=$

㊷ $106+15-(39+47)=$

㊾ $110-45-(9+39)=$

㊸ $114-(70-12)+27=$

㊿ $123-(60-14)+15=$

곱셈과 나눗셈이 섞여 있는 식의 계산

○ **30÷5×3의 계산**

곱셈과 나눗셈이 섞여 있는 식은
앞에서부터 차례대로 계산합니다.

$$30÷5×3=18$$

❶ 6

❷ 18

○ **30÷(5×3)의 계산**

곱셈과 나눗셈이 섞여 있고 ( )가
있는 식은 ( )안을 먼저 계산합니다.

$$30÷(5×3)=2$$

❶ 15

❷ 2

○ 계산해 보세요.

① $4×3÷2=$

② $16÷2×3=$

③ $21×6÷7=$

④ $30÷5×9=$

⑤ $12×9÷6=$

⑥ $24÷8×11=$

⑦ $30×7÷2=$

⑧ $44÷11×5=$

⑨ $21 \times 4 \div 3 =$

⑯ $27 \times 2 \div 3 \times 4 =$

⑩ $32 \div 8 \times 12 =$

⑰ $36 \div 9 \times 8 \div 2 =$

⑪ $40 \times 3 \div 6 =$

⑱ $44 \times 5 \times 2 \div 8 =$

⑫ $54 \div 9 \times 7 =$

⑲ $56 \div 4 \div 2 \times 13 =$

⑬ $64 \times 5 \div 8 =$

⑳ $69 \times 4 \div 3 \div 2 =$

⑭ $72 \div 4 \times 2 =$

㉑ $75 \div 3 \times 4 \div 5 =$

⑮ $85 \times 6 \div 15 =$

㉒ $81 \times 2 \times 3 \div 9 =$

㉓ $30 \div (3 \times 2) =$

㉚ $48 \div (6 \times 2) =$

㉔ $45 \div (5 \times 3) =$

㉛ $50 \div (5 \times 5) =$

㉕ $56 \div (2 \times 4) =$

㉜ $63 \div (7 \times 3) =$

㉖ $64 \div (4 \times 8) =$

㉝ $75 \div (3 \times 5) =$

㉗ $72 \div (12 \times 2) =$

㉞ $84 \div (4 \times 3) =$

㉘ $88 \div (2 \times 22) =$

㉟ $90 \div (15 \times 2) =$

㉙ $96 \div (8 \times 2) =$

㊱ $104 \div (4 \times 2) =$

③⑦ $36 \div (3 \times 3) \div 2 =$

④④ $45 \times 7 \div (3 \times 5) =$

③⑧ $42 \times 8 \div (2 \times 6) =$

④⑤ $54 \div (18 \div 2) \times 6 =$

③⑨ $55 \div (44 \div 4) \times 7 =$

④⑥ $63 \times 6 \div (54 \div 3) =$

④⓪ $60 \times 3 \div (45 \div 3) =$

④⑦ $84 \div (3 \times 7) \times 8 =$

④① $72 \div (2 \times 4) \times 5 =$

④⑧ $96 \div 8 \div (2 \times 2) =$

④② $90 \div 3 \div (3 \times 2) =$

④⑨ $100 \div (5 \times 2) \div 5 =$

④③ $108 \div (6 \times 3) \div 2 =$

⑤⓪ $115 \times 4 \div (60 \div 3) =$

계산 Plus+

자연수의 혼합 계산 (1)

● 계산이 옳은 것에 ○표, 옳지 않은 것에 ×표 하세요.

1
19＋7－3
＝26－3
＝23

5
20×4÷8
＝80÷8
＝10

2
30－(15＋7)
＝30－22
＝8

6
36÷(6×2)
＝6×2
＝12

3
50－12＋23＋19
＝38＋23＋19
＝61＋19
＝80

7
50×2×3÷15
＝100×3÷15
＝300÷15
＝20

4
63－(12＋19)－25
＝51＋19－25
＝70－25
＝45

8
64÷(8×2)÷2
＝64÷16÷2
＝64÷8
＝8

○ 빈칸에 알맞은 계산 결과를 써넣으세요.

⑨
$35-19+8$
$35-(19+8)$

⑩
$42-13+9$
$42-(13+9)$

⑪
$57+34-26+18$
$57+34-(26+18)$

⑫
$60-32-13+27$
$60-(32-13)+27$

⑬
$84+26-58-37$
$84+26-(58-37)$

⑭
$40\div10\times2$
$40\div(10\times2)$

⑮
$54\div3\times2$
$54\div(2\times3)$

⑯
$65\times4\div10\div2$
$65\times4\div(10\div2)$

⑰
$88\div4\div2\times3$
$88\div(4\div2)\times3$

⑱
$100\div4\times5\times2$
$100\div(4\times5)\times2$

◯ 계산을 하여 관계있는 것끼리 선으로 이어 보세요.

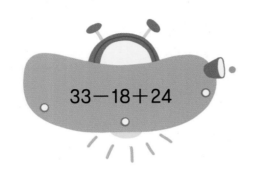

33−18+24

15

42×5÷6

35

54−(12+19)

39

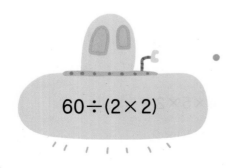

60÷(2×2)

23

○ 원숭이가 계산 결과를 따라갔을 때 만나는 과일을 먹으려고 합니다.
　원숭이가 먹게 되는 과일에 ○표 하세요.

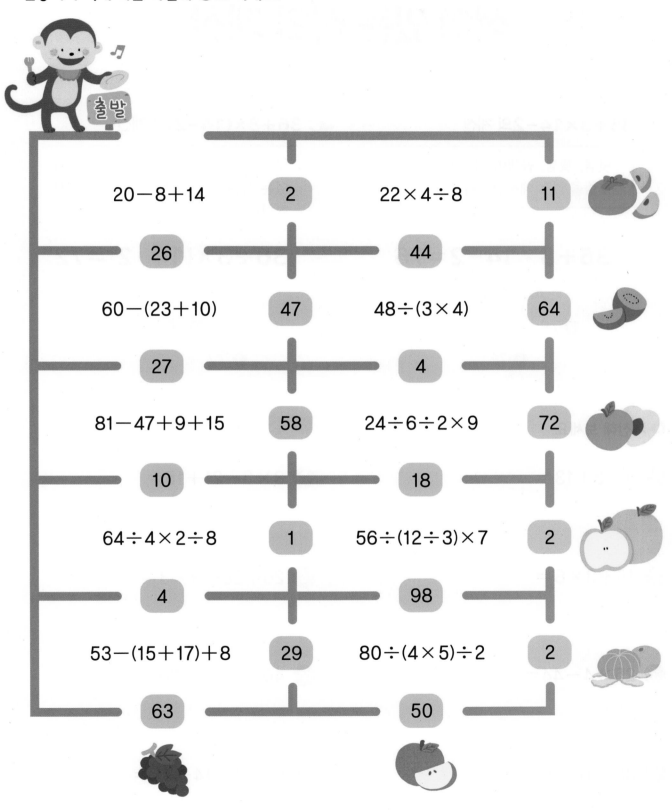

덧셈, 뺄셈, 곱셈이 섞여 있는 식의 계산

● **36+3×14-2의 계산**

> 덧셈, 뺄셈, 곱셈이 섞여 있는 식은 곱셈을 먼저 계산합니다.

$$36+3×14-2=76$$

❶ 42
❷ 78
❸ 76

● **36+3×(14-2)의 계산**

> 덧셈, 뺄셈, 곱셈이 섞여 있고 (   )가 있는 식은 (   ) 안을 가장 먼저 계산합니다.

$$36+3×(14-2)=72$$

❶ 12
❷ 36
❸ 72

○ **계산해 보세요.**

① $4×5+13=$

② $18+3×8=$

③ $25×4-44=$

④ $48-11×2=$

⑤ $8×3-21+15=$

⑥ $26+28-9×3=$

⑦ $40-3×8+36=$

⑧ $52×4+14-42=$

9 $12 \times 2 + 20 - 34 =$

10 $28 + 8 \times 4 - 19 =$

11 $33 - 9 + 12 \times 5 =$

12 $45 \times 2 + 8 - 57 =$

13 $50 \times 3 - 38 + 11 =$

14 $66 + 27 - 18 \times 4 =$

15 $81 - 25 \times 3 + 37 =$

16 $25 + 52 - 16 \times 4 =$

17 $38 + 9 \times 5 - 22 =$

18 $54 - 29 + 13 \times 2 =$

19 $66 \times 2 - 57 + 14 =$

20 $70 - 6 \times 11 + 35 =$

21 $91 - 15 + 23 \times 3 =$

22 $100 + 6 \times 7 - 46 =$

○ 계산해 보세요.

㉓ $20 \times (13-9) =$

㉔ $(56+24) \times 3 =$

㉕ $65 \times (2+6) =$

㉖ $(76-18) \times 4 =$

㉗ $81 \times (32-23) =$

㉘ $(98+27) \times 5 =$

㉙ $100 \times (11-8) =$

㉚ $18 \times (21-19)+33 =$

㉛ $(29-16) \times 3+24 =$

㉜ $46+14 \times (9-4) =$

㉝ $57 \times (4+6)-69 =$

㉞ $(73+12) \times 6-98 =$

㉟ $80 \times 8-(32+19) =$

㊱ $105-(5+9) \times 4 =$

③⑦ $27 \times 4 - (16 + 34) =$

㊽ $36 \times 4 - (56 + 8) =$

③⑧ $41 \times (2 + 3) - 77 =$

㊺ $49 + (20 - 18) \times 7 =$

③⑨ $(51 + 19) \times 7 - 82 =$

㊻ $50 \times (8 + 4) - 95 =$

㊵ $60 + 5 \times (34 - 19) =$

㊼ $(68 - 19) \times 2 + 15 =$

㊶ $81 - 3 \times (3 + 9) =$

㊽ $71 - (6 + 7) \times 3 =$

㊷ $92 + 8 \times (29 - 13) =$

㊾ $85 \times (40 - 31) + 16 =$

㊸ $108 + (45 - 26) \times 6 =$

㊿ $112 - 4 \times (9 + 13) =$

덧셈, 뺄셈, 나눗셈이 섞여 있는 식의 계산

○ **21−15+9÷3의 계산**

> 덧셈, 뺄셈, 나눗셈이 섞여 있는 식은 **나눗셈을 먼저** 계산합니다.

$$21-15+9÷3=9$$

❷6　❶3
❸9

○ **21−(15+9)÷3의 계산**

> 덧셈, 뺄셈, 나눗셈이 섞여 있고
> (   )가 있는 식은 (   )안을 가장
> 먼저 계산합니다.

$$21-(15+9)÷3=13$$

❶24
❷8
❸13

○ 계산해 보세요.

① $15÷5-2=$

② $20÷4+16=$

③ $36-14÷2=$

④ $48+32÷8=$

⑤ $21÷7+38-16=$

⑥ $32-36÷4+13=$

⑦ $45+17-63÷3=$

⑧ $54÷6-5+28=$

26

9 $27+14\div2-15=$

10 $33-14+28\div4=$

11 $40\div5+28-12=$

12 $53+27-56\div7=$

13 $64\div4-8+44=$

14 $70+27\div9-34=$

15 $89-18\div2+27=$

16 $37-9+42\div6=$

17 $45\div3+26-13=$

18 $55-24\div2+28=$

19 $63+27-36\div6=$

20 $77\div7-4+32=$

21 $81+30\div3-49=$

22 $107-55+42\div3=$

○ 계산해 보세요.

㉓ $22 \div (9+2) =$

㉚ $27-48 \div (6+2) =$

㉔ $(43+17) \div 5 =$

㉛ $44-(27+33) \div 5 =$

㉕ $64 \div (22-14) =$

㉜ $56+(14-2) \div 6 =$

㉖ $(70-6) \div 4 =$

㉝ $(69+21) \div 3-14 =$

㉗ $84 \div (8+6) =$

㉞ $72 \div (3+1)-9 =$

㉘ $(96+12) \div 9 =$

㉟ $81 \div (11-2)+49 =$

㉙ $104 \div (26-13) =$

㊱ $(92-15) \div 7+36 =$

㊲ $31+(45-18)\div9=$

㊹ $(34+14)\div16-1=$

㊳ $48\div(20-8)+25=$

㊺ $50+34\div(45-28)=$

㊴ $67+54\div(25-7)=$

㊻ $72-35\div(1+4)=$

㊵ $76\div(15+4)-1=$

㊼ $85-(26+30)\div4=$

㊶ $(84+11)\div5-10=$

㊽ $98\div(8+6)-2=$

㊷ $96\div8-(2+2)=$

㊾ $107+(40-7)\div11=$

㊸ $(110-2)\div12+31=$

㊿ $115\div5-(10+9)=$

덧셈, 뺄셈, 곱셈, 나눗셈이 섞여 있는 식의 계산

● 7×14−8+24÷4의 계산

> 덧셈, 뺄셈, 곱셈, 나눗셈이 섞여 있는 식은 **곱셈**과 **나눗셈**을 먼저 계산합니다.

$$7 \times 14 - 8 + 24 \div 4 = 96$$

❶98　❷6
❸90
❹96

● 7×14−(8+24)÷4의 계산

> 덧셈, 뺄셈, 곱셈, 나눗셈이 섞여 있고 ( )가 있는 식은 ( ) 안을 가장 먼저 계산합니다.

$$7 \times 14 - (8 + 24) \div 4 = 90$$

❷98　❶32
❸8
❹90

○ 계산해 보세요.

1 $9 + 7 \times 8 - 12 \div 4 =$

2 $18 \times 3 \div 9 + 25 - 16 =$

3 $26 - 9 + 35 \times 3 \div 5 =$

4 $32 \div 4 + 14 \times 2 - 17 =$

5 $15 \times 6 + 21 \div 3 - 4 =$

6 $21 + 10 \times 6 \div 5 - 18 =$

7 $33 - 45 \div 9 \times 2 + 56 =$

8 $40 + 36 \div 4 \times 3 - 29 =$

⑨ $27-5+42\div14\times3=$

⑯ $30\div2+58-8\times7=$

⑩ $31\times5-17+24\div6=$

⑰ $44+16-25\times3\div15=$

⑪ $42\div7\times9+25-38=$

⑱ $53\times2-48\div8+26=$

⑫ $50+36\div18-5\times4=$

⑲ $68-21\div7+5\times9=$

⑬ $67-15\times2+27\div9=$

⑳ $72\div6\times4-37+33=$

⑭ $72\times3\div6-14+55=$

㉑ $89+6-25\div5\times7=$

⑮ $84-9\times5\div3+29=$

㉒ $90\div6-4\times3+47=$

○ 계산해 보세요.

㉓ $10 \times (11-8) + 6 \div 2 =$

㉚ $(27+23) \div 5 \times 2 - 16 =$

㉔ $25 + 22 \div 11 \times (32-18) =$

㉛ $48 \div (8 \times 2) - 1 + 29 =$

㉕ $36 \div (31-19) \times 6 + 23 =$

㉜ $(54-18) \times 2 \div 3 + 26 =$

㉖ $56 + 18 \times (22-8) \div 6 =$

㉝ $68 \times (3+7) - 32 \div 16 =$

㉗ $61 - 75 \div 15 \times (9+3) =$

㉞ $77 - 14 + 84 \div (4 \times 7) =$

㉘ $(79+21) \times 3 - 56 \div 4 =$

㉟ $88 \div 2 - (4+5) \times 3 =$

㉙ $80 \times 4 \div (9+7) - 5 =$

㊱ $96 - (21+15) \times 4 \div 8 =$

③⑦ $(39-15) \div 8 + 7 \times 3 =$

③⑧ $56 \times (12-9) \div 7 + 16 =$

③⑨ $(68+6) \times 5 \div 10 - 17 =$

④⓪ $(71+25) \div 8 - 4 \times 2 =$

④① $84 \div 6 \times (26-18) + 59 =$

④② $92 + (31-25) \times 6 \div 9 =$

④③ $105 \times 2 - 70 \div (3+4) =$

④④ $41 + 60 \div (15 \times 2) - 28 =$

④⑤ $50 \times 6 \div 4 - (27+16) =$

④⑥ $63 \div (7 \times 3) + 78 - 24 =$

④⑦ $72 + 16 - 24 \div (4 \times 2) =$

④⑧ $(89-67) \times 5 + 54 \div 6 =$

④⑨ $98 \div 7 \times (4+6) - 67 =$

⑤⓪ $112 - (19+5) \div 6 \times 7 =$

계산 Plus+

자연수의 혼합 계산 (2)

● 계산이 옳은 것에 ○표, 옳지 않은 것에 ×표 하세요.

1

$13+21-7\times2$
$=13+21-14$
$=34-14$
$=20$

5

$34\times5-40\div8+16$
$=170-40\div8+16$
$=170-5+16$
$=165+16=181$

2

$28\times6-(49+24)$
$=168-(49+24)$
$=119+24$
$=143$

6

$48\div3+5\times4-19$
$=16+5\times4-19$
$=21\times4-19$
$=84-19=65$

3

$21-12+8\div4$
$=21-12+2$
$=9+2$
$=11$

7

$(52-14)\times2+27\div9$
$=38\times2+27\div9$
$=76+27\div9$
$=76+3=79$

4

$(53-25)\div4+17$
$=28\div4+17$
$=7+17$
$=24$

8

$60\times3\div(4+16)-7$
$=60\times3\div20-7$
$=180\div20-7$
$=9-7=2$

○ 빈칸에 알맞은 계산 결과를 써넣으세요.

⑨
$29 \times 2 + 4 - 12$

$29 \times (2 + 4) - 12$

⑭
$54 - 28 \div 4 + 10$

$54 - 28 \div (4 + 10)$

⑩
$45 + 5 \times 13 - 8$

$45 + 5 \times (13 - 8)$

⑮
$49 - 18 + 27 \div 9 \times 5$

$49 - (18 + 27) \div 9 \times 5$

⑪
$50 - 2 \times 8 + 14$

$50 - 2 \times (8 + 14)$

⑯
$53 + 12 \times 4 - 49 \div 7$

$(53 + 12) \times 4 - 49 \div 7$

⑫
$36 \div 4 + 5 - 2$

$36 \div (4 + 5) - 2$

⑰
$63 + 27 \div 3 - 4 \times 2$

$(63 + 27) \div 3 - 4 \times 2$

⑬
$39 \div 3 - 7 + 4$

$39 \div 3 - (7 + 4)$

⑱
$79 - 28 + 16 \times 6 \div 4$

$79 - (28 + 16) \times 6 \div 4$

● 현우가 계산 결과에 따라 색을 다르게 하여 팔레트에 물감을 짰습니다.
계산 결과를 나타내는 색으로 알맞게 색칠해 보세요.

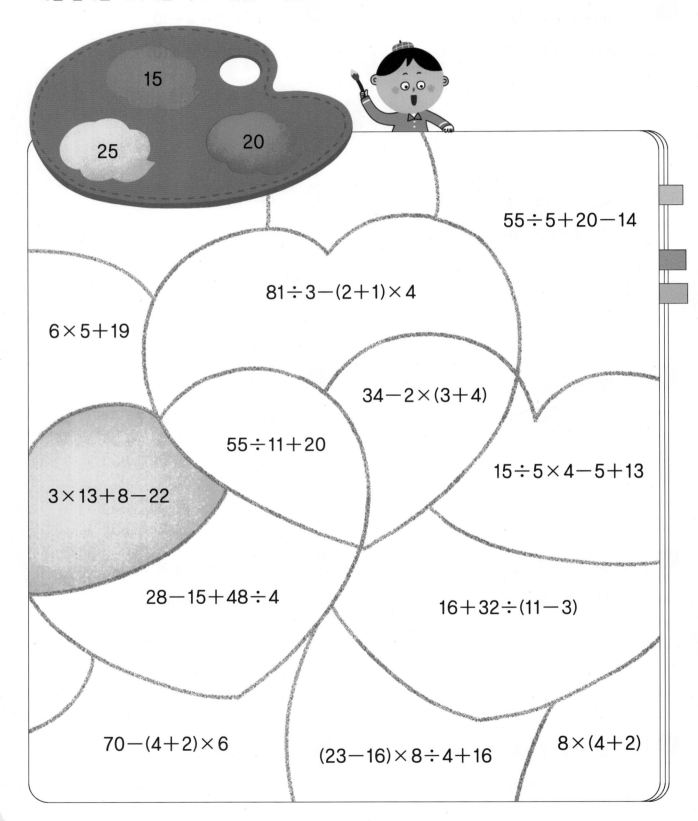

○ 가로 열쇠와 세로 열쇠를 보고 퍼즐을 완성해 보세요.

가로 열쇠

❷ $64 \div 8 \times 5 + 62 - 17$

❸ $(71 - 33) \times 9 + 48 \div 6$

❹ $(52 + 28) \div 2 - 13$

❻ $38 \div (11 - 9)$

❼ $24 + 8 \times (26 - 11) \div 3$

세로 열쇠

❶ $25 + 4 \times 9 - 23$

❹ $19 + 56 \div 8$

❺ $(20 - 12) \times 9 + 7$

❽ $12 \times 3 - 17 + 29$

자연수의 혼합 계산 평가

○ 계산해 보세요.

1. $16-7+32=$

2. $30-(18+9)=$

3. $45+39-(16+27)=$

4. $56\times3\div8=$

5. $70\div(5\times2)=$

6. $28\div(12\div3)\times5=$

7. $31\times6-57=$

8. $44-9\times4+23=$

9. $65-(8+7)\times3=$

10. $78+35\div5=$

⑪ $36 \div 4 + 29 - 22 =$

⑫ $47 - 21 \div (1 + 6) =$

⑬ $53 + 4 \times 5 - 32 \div 8 =$

⑭ $60 - 36 \div 6 \times 3 + 29 =$

⑮ $72 \div 9 \times (35 - 27) + 18 =$

⑯ $80 \times 2 \div 5 - (7 + 14) =$

○ 빈칸에 알맞은 계산 결과를 써넣으세요.

⑰
$42 - 25 + 14$	
$42 - (25 + 14)$	

⑱
$54 \div 2 \times 3$	
$54 \div (2 \times 3)$	

⑲
$64 \div 2 + 6 - 5$	
$64 \div (2 + 6) - 5$	

⑳
$79 - 14 + 16 \times 4 \div 2$	
$79 - (14 + 16) \times 4 \div 2$	

2

약수, 공약수, 최대공약수와 배수, 공배수, 최소공배수의
개념을 알고, 이를 구하는 훈련이 중요한

약수와 배수

약수, 배수

- 약수: 어떤 수를 나누어떨어지게 하는 수

예 4의 약수 구하기

$$4 \div 1 = 4$$
$$4 \div 2 = 2$$
$$4 \div 3 = 1 \cdots 1$$
$$4 \div 4 = 1$$

➡ 4의 약수: 1, 2, 4

참고 ■의 약수 중에서 가장 작은 수는 1입니다.

- 배수: 어떤 수를 1배, 2배, 3배······ 한 수

예 4의 배수 구하기

4를 1배 한 수 → $4 \times 1 = 4$
4를 2배 한 수 → $4 \times 2 = 8$
4를 3배 한 수 → $4 \times 3 = 12$
: :

➡ 4의 배수: 4, 8, 12······

참고 ▲의 배수는 셀 수 없이 많습니다.

○ ☐ 안에 알맞은 수를 써넣고, 약수를 모두 구해 보세요.

1

$3 \div \boxed{} = 3$ $3 \div \boxed{} = 1$

3의 약수 ⇨ _____

2

$6 \div \boxed{} = 6$ $6 \div \boxed{} = 3$

$6 \div \boxed{} = 2$ $6 \div \boxed{} = 1$

6의 약수 ⇨ _____

3

$7 \div \boxed{} = 7$ $7 \div \boxed{} = 1$

7의 약수 ⇨ _____

4

$8 \div \boxed{} = 1$ $8 \div \boxed{} = 4$

$8 \div \boxed{} = 2$ $8 \div \boxed{} = 1$

8의 약수 ⇨ _____

○ ☐ 안에 알맞은 수를 써넣고, 배수를 가장 작은 수부터 4개 구해 보세요.

5

$2 \times 1 =$ ☐ $2 \times 2 =$ ☐

$2 \times 3 =$ ☐ $2 \times 4 =$ ☐

2의 배수 ⇨ _____

9

$10 \times 1 =$ ☐ $10 \times 2 =$ ☐

$10 \times 3 =$ ☐ $10 \times 4 =$ ☐

10의 배수 ⇨ _____

6

$5 \times 1 =$ ☐ $5 \times 2 =$ ☐

$5 \times 3 =$ ☐ $5 \times 4 =$ ☐

5의 배수 ⇨ _____

10

$12 \times 1 =$ ☐ $12 \times 2 =$ ☐

$12 \times 3 =$ ☐ $12 \times 4 =$ ☐

12의 배수 ⇨ _____

7

$8 \times 1 =$ ☐ $8 \times 2 =$ ☐

$8 \times 3 =$ ☐ $8 \times 4 =$ ☐

8의 배수 ⇨ _____

11

$13 \times 1 =$ ☐ $13 \times 2 =$ ☐

$13 \times 3 =$ ☐ $13 \times 4 =$ ☐

13의 배수 ⇨ _____

8

$9 \times 1 =$ ☐ $9 \times 2 =$ ☐

$9 \times 3 =$ ☐ $9 \times 4 =$ ☐

9의 배수 ⇨ _____

12

$15 \times 1 =$ ☐ $15 \times 2 =$ ☐

$15 \times 3 =$ ☐ $15 \times 4 =$ ☐

15의 배수 ⇨ _____

○ 약수를 모두 구해 보세요.

13 10의 약수

⇨ _____

14 14의 약수

⇨ _____

15 18의 약수

⇨ _____

16 21의 약수

⇨ _____

17 25의 약수

⇨ _____

18 27의 약수

⇨ _____

19 30의 약수

⇨ _____

20 35의 약수

⇨ _____

21 36의 약수

⇨ _____

22 42의 약수

⇨ _____

23 44의 약수

⇨ _____

24 56의 약수

⇨ _____

● 배수를 가장 작은 수부터 4개 구해 보세요.

25 | 3의 배수

➡ _____

26 | 7의 배수

➡ _____

27 | 11의 배수

➡ _____

28 | 14의 배수

➡ _____

29 | 18의 배수

➡ _____

30 | 20의 배수

➡ _____

31 | 24의 배수

➡ _____

32 | 26의 배수

➡ _____

33 | 33의 배수

➡ _____

34 | 38의 배수

➡ _____

35 | 45의 배수

➡ _____

36 | 48의 배수

➡ _____

10 공약수, 최대공약수

- 공약수: 두 수의 공통된 약수
- 최대공약수: 두 수의 공약수 중에서 가장 큰 수

예 **4와 6의 공약수와 최대공약수 구하기**

- 4의 약수: 1, 2, 4
- 6의 약수: 1, 2, 3, 6

→ 4와 6의 공약수: 1, 2
  4와 6의 최대공약수: 2

참고 공약수는 최대공약수의 약수와 같습니다.

○ **두 수의 공약수와 최대공약수를 구해 보세요.**

1
- 9의 약수: 1, 3, 9
- 45의 약수: 1, 3, 5, 9, 15, 45

⇨ 9와 45의 공약수: _____

9와 45의 최대공약수: _____

3
- 15의 약수: 1, 3, 5, 15
- 20의 약수: 1, 2, 4, 5, 10, 20

⇨ 15와 20의 공약수: _____

15와 20의 최대공약수: _____

2
- 10의 약수: 1, 2, 5, 10
- 18의 약수: 1, 2, 3, 6, 9, 18

⇨ 10과 18의 공약수: _____

10과 18의 최대공약수: _____

4
- 28의 약수: 1, 2, 4, 7, 14, 28
- 35의 약수: 1, 5, 7, 35

⇨ 28과 35의 공약수: _____

28과 35의 최대공약수: _____

● 두 수의 약수를 각각 구하고 공약수와 최대공약수를 구해 보세요.

⑤ | 15　　25 |

┌ 15의 약수 : _____
└ 25의 약수 : _____

➭ 　공약수 : _____

　최대공약수 : _____

⑧ | 30　　45 |

┌ 30의 약수 : _____
└ 45의 약수 : _____

➭ 　공약수 : _____

　최대공약수 : _____

⑥ | 16　　28 |

┌ 16의 약수 : _____
└ 28의 약수 : _____

➭ 　공약수 : _____

　최대공약수 : _____

⑨ | 36　　54 |

┌ 36의 약수 : _____
└ 54의 약수 : _____

➭ 　공약수 : _____

　최대공약수 : _____

⑦ | 24　　32 |

┌ 24의 약수 : _____
└ 32의 약수 : _____

➭ 　공약수 : _____

　최대공약수 : _____

⑩ | 40　　52 |

┌ 40의 약수 : _____
└ 52의 약수 : _____

➭ 　공약수 : _____

　최대공약수 : _____

○ 두 수의 약수를 각각 구하고 공약수와 최대공약수를 구해 보세요.

11 | 20 24

20의 약수: _____

24의 약수: _____

⇨ 공약수: _____

최대공약수: _____

12 | 27 36

27의 약수: _____

36의 약수: _____

⇨ 공약수: _____

최대공약수: _____

13 | 35 49

35의 약수: _____

49의 약수: _____

⇨ 공약수: _____

최대공약수: _____

14 | 40 18

40의 약수: _____

18의 약수: _____

⇨ 공약수: _____

최대공약수: _____

15 | 48 28

48의 약수: _____

28의 약수: _____

⇨ 공약수: _____

최대공약수: _____

16 | 54 30

54의 약수: _____

30의 약수: _____

⇨ 공약수: _____

최대공약수: _____

17
| 21   63 |

21의 약수 : _____

63의 약수 : _____

⇨   공약수 : _____

최대공약수 : _____

18
| 32   56 |

32의 약수 : _____

56의 약수 : _____

⇨   공약수 : _____

최대공약수 : _____

19
| 42   18 |

42의 약수 : _____

18의 약수 : _____

⇨   공약수 : _____

최대공약수 : _____

20
| 45   75 |

45의 약수 : _____

75의 약수 : _____

⇨   공약수 : _____

최대공약수 : _____

21
| 52   39 |

52의 약수 : _____

39의 약수 : _____

⇨   공약수 : _____

최대공약수 : _____

22
| 64   76 |

64의 약수 : _____

76의 약수 : _____

⇨   공약수 : _____

최대공약수 : _____

공배수, 최소공배수

- **공배수**: 두 수의 공통된 배수
- **최소공배수**: 두 수의 공배수 중에서 가장 작은 수

예 **8과 12의 공배수와 최소공배수 구하기**

- 8의 배수: 8, 16, 24, 32, 40, 48……
- 12의 배수: 12, 24, 36, 48, 60, 72……

→ 8과 12의 공배수: 24, 48……
   8과 12의 최소공배수: 24

참고 공배수는 최소공배수의 배수와 같습니다.

○ **두 수의 공배수와 최소공배수를 구해 보세요. (단, 공배수는 가장 작은 수부터 2개만 씁니다.)**

1
- 6의 배수: 6, 12, 18, 24, 30, 36……
- 9의 배수: 9, 18, 27, 36, 45, 54……

⇨ 6과 9의 공배수: _____

   6과 9의 최소공배수: _____

3
- 10의 배수: 10, 20, 30, 40, 50, 60……
- 15의 배수: 15, 30, 45, 60, 75, 90……

⇨ 10과 15의 공배수: _____

   10과 15의 최소공배수: _____

2
- 8의 배수: 8, 16, 24, 32, 40……
- 16의 배수: 16, 32, 48, 64, 80……

⇨ 8과 16의 공배수: _____

   8과 16의 최소공배수: _____

4
- 14의 배수: 14, 28, 42, 56, 70……
- 28의 배수: 28, 56, 84, 112, 140……

⇨ 14와 28의 공배수: _____

   14와 28의 최소공배수: _____

○ 두 수의 배수를 각각 구하고 공배수와 최소공배수를 구해 보세요.
 (단, 배수는 가장 작은 수부터 5개, 공배수는 가장 작은 수부터 2개만 씁니다.)

5 | 3   4

3의 배수: _____

4의 배수: _____

⇨   공배수: _____

최소공배수: _____

8 | 15   6

15의 배수: _____

6의 배수 : _____

⇨   공배수: _____

최소공배수: _____

6 | 8   10

8의 배수 : _____

10의 배수: _____

⇨   공배수: _____

최소공배수: _____

9 | 20   40

20의 배수: _____

40의 배수: _____

⇨   공배수: _____

최소공배수: _____

7 | 12   18

12의 배수: _____

18의 배수: _____

⇨   공배수: _____

최소공배수: _____

10 | 21   42

21의 배수 : _____

42의 배수: _____

⇨   공배수: _____

최소공배수: _____

● 두 수의 배수를 각각 구하고 공배수와 최소공배수를 구해 보세요.
　(단, 배수는 가장 작은 수부터 5개, 공배수는 가장 작은 수부터 2개만 씁니다.)

11 　5　　10

　　5의 배수 : _____
　　10의 배수: _____
⇨　　공배수: _____
　　최소공배수: _____

12 　9　　15

　　9의 배수 : _____
　　15의 배수: _____
⇨　　공배수: _____
　　최소공배수: _____

13 　12　　16

　　12의 배수 : _____
　　16의 배수: _____
⇨　　공배수: _____
　　최소공배수: _____

14 　13　　26

　　13의 배수 : _____
　　26의 배수: _____
⇨　　공배수: _____
　　최소공배수: _____

15 　20　　15

　　20의 배수: _____
　　15의 배수: _____
⇨　　공배수: _____
　　최소공배수: _____

16 　28　　21

　　28의 배수: _____
　　21의 배수: _____
⇨　　공배수: _____
　　최소공배수: _____

17   6   10

    6의 배수 : _____

    10의 배수 : _____

    ⇨   공배수: _____

    최소공배수: _____

18   7   35

    7의 배수 : _____

    35의 배수 : _____

    ⇨   공배수: _____

    최소공배수: _____

19   18   30

    18의 배수 : _____

    30의 배수 : _____

    ⇨   공배수: _____

    최소공배수: _____

20   21   14

    21의 배수: _____

    14의 배수: _____

    ⇨   공배수: _____

    최소공배수: _____

21   27   18

    27의 배수: _____

    18의 배수: _____

    ⇨   공배수: _____

    최소공배수: _____

22   30   24

    30의 배수: _____

    24의 배수: _____

    ⇨   공배수: _____

    최소공배수: _____

12 계산 Plus+

약수, 배수

○ 빈칸에 약수를 써넣으세요.

1
13의 약수	
16의 약수	

2
15의 약수	
45의 약수	

3
20의 약수	
32의 약수	

4
33의 약수	
58의 약수	

5
49의 약수	
62의 약수	

○ 빈칸에 배수를 가장 작은 수부터 4개 써넣으세요.

6
6의 배수	
17의 배수	

7
22의 배수	
41의 배수	

8
25의 배수	
36의 배수	

9
37의 배수	
42의 배수	

10
50의 배수	
63의 배수	

○ 빈칸에 공약수와 최대공약수를 써넣으세요.

11

18, 30	
공약수	
최대공약수	

12

24, 42	
공약수	
최대공약수	

13

30, 55	
공약수	
최대공약수	

14

32, 28	
공약수	
최대공약수	

15

56, 84	
공약수	
최대공약수	

○ 빈칸에 공배수와 최소공배수를 써넣으세요.
　(단, 공배수는 가장 작은 수부터 3개만 씁니다.)

16

9, 18	
공배수	
최소공배수	

17

14, 8	
공배수	
최소공배수	

18

15, 45	
공배수	
최소공배수	

19

27, 36	
공배수	
최소공배수	

20

30, 12	
공배수	
최소공배수	

약수 또는 배수를 모두 찾아 색칠해 보세요.

8　1　6

28

12

14　4

3

28의 약수

48　16

40　24

64

32

16의 배수

5　15

50

7　2

14

10　6

50의 약수

30　21　3

12　4

9　7

63의 약수

108　27

50

81

93　54

27의 배수

마법사 4명이 마법 주문이 적혀 있는 그릇을 사용하여 각각 마법 약을 만들고 있습니다. 마법 주문이 잘못된 그릇을 사용하고 있는 마법사를 찾아 ○표 하세요.

17과 68의 공약수는
1과 17이야.

마법사 ①

28과 8의 최대공약수는
56이야.

마법사 ②

33과 12의 공배수는
132, 264, 396……이야.

마법사 ③

40과 50의
최소공배수는
200이야.

마법사 ④

13 곱셈식을 이용하여 최대공약수와 최소공배수 구하기

● 곱셈식을 이용하여 18과 30의 최대공약수와 최소공배수 구하기

$$18 = 2 \times 3 \times 3 \qquad 30 = 2 \times 3 \times 5$$

공통으로 들어 있는 곱셈식

→ 18과 30의 최대공약수: $2 \times 3 = 6$
  18과 30의 최소공배수: $2 \times 3 \times 3 \times 5 = 90$

남은 수

○ 두 수를 여러 수의 곱으로 나타내어 최대공약수와 최소공배수를 구해 보세요.

1 | 8   10

$8 = 2 \times 2 \times \boxed{}$

$10 = 2 \times \boxed{}$

⇨ 최대공약수: $\boxed{}$

최소공배수: $\boxed{}$

3 | 12   18

$12 = 2 \times 2 \times \boxed{}$

$18 = 2 \times 3 \times \boxed{}$

⇨ 최대공약수: $\boxed{}$

최소공배수: $\boxed{}$

2 | 9   15

$9 = 3 \times \boxed{}$

$15 = 3 \times \boxed{}$

⇨ 최대공약수: $\boxed{}$

최소공배수: $\boxed{}$

4 | 27   45

$27 = 3 \times 3 \times \boxed{}$

$45 = 3 \times 3 \times \boxed{}$

⇨ 최대공약수: $\boxed{}$

최소공배수: $\boxed{}$

● 두 수를 여러 수의 곱으로 나타내고 최대공약수와 최소공배수를 구해 보세요.

⑤   14   35

   14 = _____

   35 = _____

⇨ 최대공약수: _____

   최소공배수: _____

⑧   33   12

   33 = _____

   12 = _____

⇨ 최대공약수: _____

   최소공배수: _____

⑥   24   40

   24 = _____

   40 = _____

⇨ 최대공약수: _____

   최소공배수: _____

⑨   44   66

   44 = _____

   66 = _____

⇨ 최대공약수: _____

   최소공배수: _____

⑦   25   30

   25 = _____

   30 = _____

⇨ 최대공약수: _____

   최소공배수: _____

⑩   51   34

   51 = _____

   34 = _____

⇨ 최대공약수: _____

   최소공배수: _____

○ 두 수를 여러 수의 곱으로 나타내고 최대공약수와 최소공배수를 구해 보세요.

11 | 36   54 |

36 = _____

54 = _____

⇨ 최대공약수: _____

최소공배수: _____

14 | 63   72 |

63 = _____

72 = _____

⇨ 최대공약수: _____

최소공배수: _____

12 | 45   60 |

45 = _____

60 = _____

⇨ 최대공약수: _____

최소공배수: _____

15 | 66   77 |

66 = _____

77 = _____

⇨ 최대공약수: _____

최소공배수: _____

13 | 50   40 |

50 = _____

40 = _____

⇨ 최대공약수: _____

최소공배수: _____

16 | 76   95 |

76 = _____

95 = _____

⇨ 최대공약수: _____

최소공배수: _____

17   42   49

$\begin{cases} 42 = \underline{\hspace{6cm}} \\ 49 = \underline{\hspace{6cm}} \end{cases}$

 최대공약수: _____

최소공배수: _____

20   72   80

$\begin{cases} 72 = \underline{\hspace{6cm}} \\ 80 = \underline{\hspace{6cm}} \end{cases}$

최대공약수: _____

최소공배수: _____

18   54   81

$\begin{cases} 54 = \underline{\hspace{6cm}} \\ 81 = \underline{\hspace{6cm}} \end{cases}$

 최대공약수: _____

최소공배수: _____

21   78   52

$\begin{cases} 78 = \underline{\hspace{6cm}} \\ 52 = \underline{\hspace{6cm}} \end{cases}$

최대공약수: _____

최소공배수: _____

19   65   70

$\begin{cases} 65 = \underline{\hspace{6cm}} \\ 70 = \underline{\hspace{6cm}} \end{cases}$

 최대공약수: _____

최소공배수: _____

22   80   90

$\begin{cases} 80 = \underline{\hspace{6cm}} \\ 90 = \underline{\hspace{6cm}} \end{cases}$

최대공약수: _____

최소공배수: _____

공약수로 나누어
최대공약수와 최소공배수 구하기

● 공약수로 나누어 **20과 30의 최대공약수와 최소공배수 구하기**

```
20과 30의 공약수 — 2 ) 20   30
10과 15의 공약수 — 5 ) 10   15
                      2      3 — 1 이외의 공약수가 없을 때까지
                                나눗셈을 계속합니다.
```

→ **20과 30의 최대공약수: 2×5=10**
   20과 30의 최소공배수: 2×5×2×3=60

○ 공약수를 이용하여 최대공약수와 최소공배수를 구해 보세요.

1
```
□ ) 10   25
      2    5
```
⇨ 최대공약수: □
   최소공배수: □

3
```
□ ) 15   20
      3    4
```
⇨ 최대공약수: □
   최소공배수: □

2
```
□ ) 14   42
□ )  7   21
      1    3
```
⇨ 최대공약수: □
   최소공배수: □

4
```
□ ) 24   30
□ ) 12   15
      4    5
```
⇨ 최대공약수: □
   최소공배수: □

● 두 수를 공약수로 나누고, 최대공약수와 최소공배수를 구해 보세요.

⑤) 10 12

⇨ 최대공약수 (   )
　 최소공배수 (   )

⑨) 28 49

⇨ 최대공약수 (   )
　 최소공배수 (   )

⑥) 12 21

⇨ 최대공약수 (   )
　 최소공배수 (   )

⑩) 30 65

⇨ 최대공약수 (   )
　 최소공배수 (   )

⑦) 18 45

⇨ 최대공약수 (   )
　 최소공배수 (   )

⑪) 36 20

⇨ 최대공약수 (   )
　 최소공배수 (   )

⑧) 24 28

⇨ 최대공약수 (   )
　 최소공배수 (   )

⑫) 42 56

⇨ 최대공약수 (   )
　 최소공배수 (   )

● 두 수를 공약수로 나누고, 최대공약수와 최소공배수를 구해 보세요.

13　　）14　21

　⇨ 최대공약수 (　　　　　　　)
　　　최소공배수 (　　　　　　　)

14　　）15　25

　⇨ 최대공약수 (　　　　　　　)
　　　최소공배수 (　　　　　　　)

15　　）20　44

　⇨ 최대공약수 (　　　　　　　)
　　　최소공배수 (　　　　　　　)

16　　）24　36

　⇨ 최대공약수 (　　　　　　　)
　　　최소공배수 (　　　　　　　)

17　　）32　68

　⇨ 최대공약수 (　　　　　　　)
　　　최소공배수 (　　　　　　　)

18　　）40　70

　⇨ 최대공약수 (　　　　　　　)
　　　최소공배수 (　　　　　　　)

19　　）52　64

　⇨ 최대공약수 (　　　　　　　)
　　　최소공배수 (　　　　　　　)

20　　）54　42

　⇨ 최대공약수 (　　　　　　　)
　　　최소공배수 (　　　　　　　)

㉑)　20　　12

⇨ 최대공약수 (　　　　　　　　　)
　 최소공배수 (　　　　　　　　　)

㉒)　24　　42

⇨ 최대공약수 (　　　　　　　　　)
　 최소공배수 (　　　　　　　　　)

㉓)　28　　32

⇨ 최대공약수 (　　　　　　　　　)
　 최소공배수 (　　　　　　　　　)

㉔)　30　　60

⇨ 최대공약수 (　　　　　　　　　)
　 최소공배수 (　　　　　　　　　)

㉕)　36　　60

⇨ 최대공약수 (　　　　　　　　　)
　 최소공배수 (　　　　　　　　　)

㉖)　40　　60

⇨ 최대공약수 (　　　　　　　　　)
　 최소공배수 (　　　　　　　　　)

㉗)　54　　72

⇨ 최대공약수 (　　　　　　　　　)
　 최소공배수 (　　　　　　　　　)

㉘)　56　　84

⇨ 최대공약수 (　　　　　　　　　)
　 최소공배수 (　　　　　　　　　)

15 계산 Plus+

최대공약수, 최소공배수

○ 빈칸에 두 수의 최대공약수와 최소공배수를 써넣으세요.

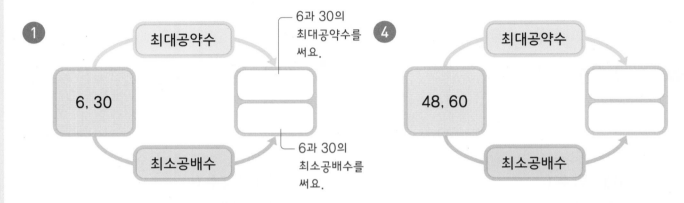

① 6, 30 — 최대공약수 / 최소공배수
(6과 30의 최대공약수를 써요. / 6과 30의 최소공배수를 써요.)

④ 48, 60 — 최대공약수 / 최소공배수

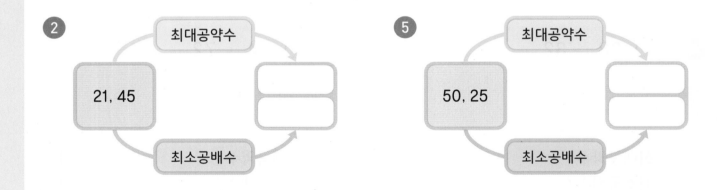

② 21, 45 — 최대공약수 / 최소공배수

⑤ 50, 25 — 최대공약수 / 최소공배수

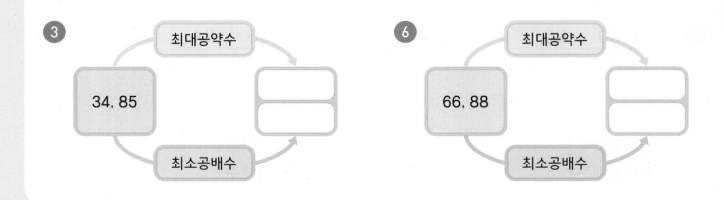

③ 34, 85 — 최대공약수 / 최소공배수

⑥ 66, 88 — 최대공약수 / 최소공배수

7 20, 45

최대공약수

최소공배수

11 50, 60

최대공약수

최소공배수

8 35, 56

최대공약수

최소공배수

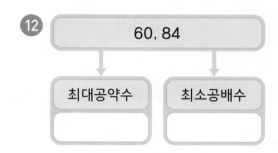

12 60, 84

최대공약수

최소공배수

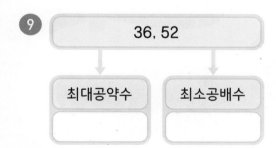

9 36, 52

최대공약수

최소공배수

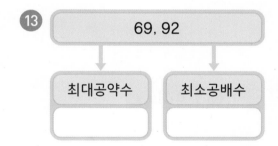

13 69, 92

최대공약수

최소공배수

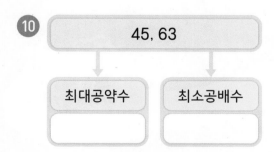

10 45, 63

최대공약수

최소공배수

14 72, 90

최대공약수

최소공배수

백설공주가 난쟁이를 만나러 가려고 합니다.
두 수의 최대공약수를 구하여 ☐ 안에 써넣고, 최대공약수가 더 큰 쪽을 따라가 보세요.

출발

(12, 16) → ☐

(9, 12) → ☐

(20, 24) → ☐

(25, 35) → ☐

(33, 44) → ☐

(36, 18) → ☐

도착

쪽지에 적힌 두 수의 최소공배수를 표로 나타내었습니다.
두 수의 최소공배수에 해당하는 글자를 표에 알맞게 써넣으세요.

27	52	84	90	96

16 약수와 배수 평가

○ 약수를 모두 구해 보세요.

1 12의 약수

⇨ _____

2 26의 약수

⇨ _____

3 40의 약수

⇨ _____

○ 배수를 가장 작은 수부터 4개 구해 보세요.

4 4의 배수

⇨ _____

5 23의 배수

⇨ _____

6 32의 배수

⇨ _____

○ 두 수의 공약수와 최대공약수를 구해 보세요.

7 8   16

공약수 (   )
최대공약수 (   )

8 32   44

공약수 (   )
최대공약수 (   )

○ 두 수의 공배수와 최소공배수를 구해 보세요.
(단, 공배수는 가장 작은 수부터 2개만 씁니다.)

9 18   36

공배수 (   )
최소공배수 (   )

10 40   60

공배수 (   )
최소공배수 (   )

○ 두 수의 최대공약수와 최소공배수를 구해 보세요.

11

| 10 | 60 |

최대공약수 ( )
최소공배수 ( )

16

| 56 | 24 |

최대공약수 ( )
최소공배수 ( )

12

| 16 | 20 |

최대공약수 ( )
최소공배수 ( )

17

| 64 | 40 |

최대공약수 ( )
최소공배수 ( )

13

| 21 | 35 |

최대공약수 ( )
최소공배수 ( )

18

| 75 | 60 |

최대공약수 ( )
최소공배수 ( )

14

| 28 | 36 |

최대공약수 ( )
최소공배수 ( )

19

| 81 | 63 |

최대공약수 ( )
최소공배수 ( )

15

| 36 | 30 |

최대공약수 ( )
최소공배수 ( )

20

| 96 | 72 |

최대공약수 ( )
최소공배수 ( )

3 약분과 통분

약분과 **통분**의 개념을 알고,
약분하고 통분하는 훈련이 중요한

17 크기가 같은 분수

● 곱셈을 이용하여 크기가 같은 분수 만들기

> 분모와 분자에 각각 0이 아닌 같은 수를 곱하면 크기가 같은 분수가 됩니다.

$$\frac{1}{3} = \frac{2}{6} = \frac{3}{9} = \frac{4}{12}$$

(×2, ×3, ×4)

● 나눗셈을 이용하여 크기가 같은 분수 만들기

> 분모와 분자를 각각 0이 아닌 같은 수로 나누면 크기가 같은 분수가 됩니다.

$$\frac{8}{24} = \frac{4}{12} = \frac{2}{6} = \frac{1}{3}$$

(÷2, ÷4, ÷8)

◎ 분모와 분자에 각각 0이 아닌 같은 수를 곱하여 크기가 같은 분수를 만들어 보세요.

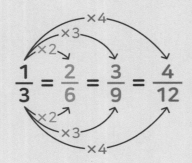

1 $\dfrac{1}{2}$ = (×2)

2 $\dfrac{2}{3}$ = $\dfrac{6}{9}$

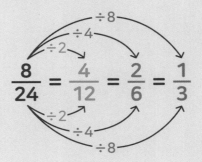

3 $\dfrac{4}{5}$ = (×4)

4 $\dfrac{7}{8}$ = $\dfrac{}{40}$

◯ 분모와 분자를 각각 0이 아닌 같은 수로 나누어 크기가 같은 분수를 만들어 보세요.

5 $\dfrac{6}{8}$ = $\dfrac{\boxed{}}{\boxed{}}$ (÷2 / ÷2)

10 $\dfrac{21}{28}$ = $\dfrac{\boxed{}}{\boxed{}}$ (÷7 / ÷7)

6 $\dfrac{3}{9}$ = $\dfrac{\boxed{}}{\boxed{}}$ (÷3 / ÷3)

11 $\dfrac{21}{30}$ = $\dfrac{\boxed{}}{\boxed{}}$ (÷3 / ÷3)

7 $\dfrac{8}{12}$ = $\dfrac{2}{3}$ (÷□ / ÷□)

12 $\dfrac{14}{34}$ = $\dfrac{7}{17}$ (÷□ / ÷□)

8 $\dfrac{10}{15}$ = $\dfrac{2}{3}$ (÷□ / ÷□)

13 $\dfrac{18}{42}$ = $\dfrac{3}{7}$ (÷□ / ÷□)

9 $\dfrac{4}{20}$ = $\dfrac{1}{\boxed{}}$ (÷□ / ÷□)

14 $\dfrac{25}{45}$ = $\dfrac{\boxed{}}{9}$ (÷□ / ÷□)

● 분모와 분자에 각각 0이 아닌 같은 수를 곱하여 크기가 같은 분수를 만들려고 합니다.
분모가 작은 것부터 차례대로 3개씩 써 보세요.

15 $\frac{1}{3}$ ⇨ ( )

16 $\frac{2}{5}$ ⇨ ( )

17 $\frac{5}{6}$ ⇨ ( )

18 $\frac{5}{7}$ ⇨ ( )

19 $\frac{3}{8}$ ⇨ ( )

20 $\frac{2}{9}$ ⇨ ( )

21 $\frac{7}{10}$ ⇨ ( )

22 $\frac{5}{12}$ ⇨ ( )

23 $\frac{9}{14}$ ⇨ ( )

24 $\frac{4}{17}$ ⇨ ( )

25 $\frac{11}{20}$ ⇨ ( )

26 $\frac{18}{25}$ ⇨ ( )

27 $\frac{4}{27}$ ⇨ ( )

28 $\frac{12}{29}$ ⇨ ( )

○ 분모와 분자를 각각 0이 아닌 같은 수로 나누어 크기가 같은 분수를 만들려고 합니다.
   분모가 큰 것부터 차례대로 3개씩 써 보세요.

29 $\dfrac{8}{16}$ ⇨ (   )

30 $\dfrac{6}{18}$ ⇨ (   )

31 $\dfrac{12}{24}$ ⇨ (   )

32 $\dfrac{20}{30}$ ⇨ (   )

33 $\dfrac{24}{32}$ ⇨ (   )

34 $\dfrac{32}{40}$ ⇨ (   )

35 $\dfrac{30}{48}$ ⇨ (   )

36 $\dfrac{36}{54}$ ⇨ (   )

37 $\dfrac{40}{60}$ ⇨ (   )

38 $\dfrac{24}{64}$ ⇨ (   )

39 $\dfrac{48}{72}$ ⇨ (   )

40 $\dfrac{48}{80}$ ⇨ (   )

41 $\dfrac{60}{84}$ ⇨ (   )

42 $\dfrac{75}{90}$ ⇨ (   )

18 약분

- 약분한다: 분모와 분자를 공약수로 나누어 간단한 분수로 만드는 것
- 기약분수: 분모와 분자의 공약수가 1뿐인 분수

예 $\dfrac{4}{12}$를 약분하기

12와 4의 공약수: 1, 2, 4 ── 1 이외의 수로 약분합니다.

$$\dfrac{4}{12} = \dfrac{4 \div 2}{12 \div 2} = \dfrac{2}{6}$$

$$\dfrac{\overset{2}{\cancel{4}}}{\underset{6}{\cancel{12}}} = \dfrac{2}{6}$$

$$\dfrac{4}{12} = \dfrac{4 \div 4}{12 \div 4} = \dfrac{1}{3}$$

$$\dfrac{\overset{1}{\cancel{4}}}{\underset{3}{\cancel{12}}} = \dfrac{1}{3} \quad\text{── 기약분수}$$

○ 분수를 약분하여 보세요.

① $\dfrac{3}{6}$ ⇒ $\dfrac{\square}{2}$

② $\dfrac{6}{8}$ ⇒ $\dfrac{3}{\square}$

③ $\dfrac{8}{12}$ ⇒ $\dfrac{\square}{6}$, $\dfrac{\square}{3}$

④ $\dfrac{12}{14}$ ⇒ $\dfrac{\square}{7}$

⑤ $\dfrac{4}{16}$ ⇒ $\dfrac{2}{\square}$, $\dfrac{1}{\square}$

⑥ $\dfrac{20}{24}$ ⇒ $\dfrac{\square}{12}$, $\dfrac{\square}{6}$

○ 기약분수로 나타내어 보세요.

7 $\dfrac{3}{9}$ ⇨ $\dfrac{\square}{3}$

8 $\dfrac{8}{10}$ ⇨ $\dfrac{4}{\square}$

9 $\dfrac{9}{12}$ ⇨ $\dfrac{\square}{4}$

10 $\dfrac{5}{15}$ ⇨ $\dfrac{1}{\square}$

11 $\dfrac{15}{18}$ ⇨ $\dfrac{\square}{6}$

12 $\dfrac{14}{21}$ ⇨ $\dfrac{2}{\square}$

13 $\dfrac{15}{25}$ ⇨ $\dfrac{\square}{5}$

14 $\dfrac{13}{26}$ ⇨ $\dfrac{1}{\square}$

15 $\dfrac{6}{30}$ ⇨ $\dfrac{\square}{5}$

16 $\dfrac{28}{35}$ ⇨ $\dfrac{4}{\square}$

17 $\dfrac{18}{38}$ ⇨ $\dfrac{\square}{19}$

18 $\dfrac{30}{42}$ ⇨ $\dfrac{5}{\square}$

19 $\dfrac{20}{45}$ ⇨ $\dfrac{\square}{9}$

20 $\dfrac{30}{50}$ ⇨ $\dfrac{3}{\square}$

21 $\dfrac{39}{52}$ ⇨ $\dfrac{\square}{4}$

22 $\dfrac{48}{56}$ ⇨ $\dfrac{6}{\square}$

23 $\dfrac{45}{60}$ ⇨ $\dfrac{\square}{4}$

24 $\dfrac{56}{64}$ ⇨ $\dfrac{7}{\square}$

25 $\dfrac{26}{65}$ ⇨ $\dfrac{\square}{5}$

26 $\dfrac{55}{66}$ ⇨ $\dfrac{5}{\square}$

27 $\dfrac{40}{72}$ ⇨ $\dfrac{\square}{9}$

● 약분한 분수를 모두 써 보세요.

28 $\dfrac{4}{6}$ ⇨ (   )

29 $\dfrac{2}{10}$ ⇨ (   )

30 $\dfrac{6}{16}$ ⇨ (   )

31 $\dfrac{24}{27}$ ⇨ (   )

32 $\dfrac{8}{36}$ ⇨ (   )

33 $\dfrac{28}{40}$ ⇨ (   )

34 $\dfrac{22}{42}$ ⇨ (   )

35 $\dfrac{28}{49}$ ⇨ (   )

36 $\dfrac{44}{55}$ ⇨ (   )

37 $\dfrac{32}{60}$ ⇨ (   )

38 $\dfrac{36}{63}$ ⇨ (   )

39 $\dfrac{56}{72}$ ⇨ (   )

40 $\dfrac{70}{80}$ ⇨ (   )

41 $\dfrac{80}{96}$ ⇨ (   )

○ 기약분수로 나타내어 보세요.

42 $\dfrac{6}{9}$ ⇨ ( )

43 $\dfrac{8}{14}$ ⇨ ( )

44 $\dfrac{16}{22}$ ⇨ ( )

45 $\dfrac{16}{26}$ ⇨ ( )

46 $\dfrac{24}{32}$ ⇨ ( )

47 $\dfrac{30}{45}$ ⇨ ( )

48 $\dfrac{36}{52}$ ⇨ ( )

49 $\dfrac{16}{56}$ ⇨ ( )

50 $\dfrac{40}{64}$ ⇨ ( )

51 $\dfrac{56}{68}$ ⇨ ( )

52 $\dfrac{55}{70}$ ⇨ ( )

53 $\dfrac{60}{84}$ ⇨ ( )

54 $\dfrac{50}{85}$ ⇨ ( )

55 $\dfrac{46}{92}$ ⇨ ( )

19 통분

- **통분**한다: 분수의 분모를 같게 하는 것
- **공통분모**: 통분한 분모

예 $\dfrac{1}{6}$과 $\dfrac{4}{9}$를 통분하기

방법① 분모의 곱을 공통분모로 하여 통분하기

$$\left(\dfrac{1}{6}, \dfrac{4}{9}\right) \rightarrow \left(\dfrac{1\times9}{6\times9}, \dfrac{4\times6}{9\times6}\right) \rightarrow \left(\dfrac{9}{54}, \dfrac{24}{54}\right)$$

방법② 분모의 최소공배수를 공통분모로 하여 통분하기 — 6과 9의 최소공배수: 18

$$\left(\dfrac{1}{6}, \dfrac{4}{9}\right) \rightarrow \left(\dfrac{1\times3}{6\times3}, \dfrac{4\times2}{9\times2}\right) \rightarrow \left(\dfrac{3}{18}, \dfrac{8}{18}\right)$$

○ 분모의 곱을 공통분모로 하여 통분해 보세요.

① $\left(\dfrac{1}{4}, \dfrac{4}{5}\right) \Rightarrow \left(\dfrac{1\times\square}{4\times5}, \dfrac{4\times\square}{5\times4}\right) \Rightarrow \left(\dfrac{\square}{\square}, \dfrac{\square}{\square}\right)$

② $\left(\dfrac{5}{7}, \dfrac{1}{3}\right) \Rightarrow \left(\dfrac{5\times\square}{7\times3}, \dfrac{1\times\square}{3\times7}\right) \Rightarrow \left(\dfrac{\square}{\square}, \dfrac{\square}{\square}\right)$

③ $\left(\dfrac{5}{9}, \dfrac{3}{4}\right) \Rightarrow \left(\dfrac{5\times\square}{9\times4}, \dfrac{3\times\square}{4\times9}\right) \Rightarrow \left(\dfrac{\square}{\square}, \dfrac{\square}{\square}\right)$

◎ 분모의 최소공배수를 공통분모로 하여 통분해 보세요.

4 $\left(\dfrac{1}{4}, \dfrac{5}{6}\right)$ ⇒ $\left(\dfrac{1\times\boxed{}}{4\times 3}, \dfrac{5\times\boxed{}}{6\times 2}\right)$ ⇒ $\left(\dfrac{\boxed{}}{\boxed{}}, \dfrac{\boxed{}}{\boxed{}}\right)$

5 $\left(\dfrac{1}{6}, \dfrac{7}{12}\right)$ ⇒ $\left(\dfrac{1\times\boxed{}}{6\times 2}, \dfrac{7}{12}\right)$ ⇒ $\left(\dfrac{\boxed{}}{\boxed{}}, \dfrac{\boxed{}}{\boxed{}}\right)$

6 $\left(\dfrac{9}{10}, \dfrac{3}{4}\right)$ ⇒ $\left(\dfrac{9\times\boxed{}}{10\times 2}, \dfrac{3\times\boxed{}}{4\times 5}\right)$ ⇒ $\left(\dfrac{\boxed{}}{\boxed{}}, \dfrac{\boxed{}}{\boxed{}}\right)$

7 $\left(\dfrac{1}{8}, \dfrac{5}{12}\right)$ ⇒ $\left(\dfrac{1\times\boxed{}}{8\times 3}, \dfrac{5\times\boxed{}}{12\times 2}\right)$ ⇒ $\left(\dfrac{\boxed{}}{\boxed{}}, \dfrac{\boxed{}}{\boxed{}}\right)$

8 $\left(\dfrac{13}{20}, \dfrac{7}{8}\right)$ ⇒ $\left(\dfrac{13\times\boxed{}}{20\times 2}, \dfrac{7\times\boxed{}}{8\times 5}\right)$ ⇒ $\left(\dfrac{\boxed{}}{\boxed{}}, \dfrac{\boxed{}}{\boxed{}}\right)$

9 $\left(\dfrac{11}{14}, \dfrac{9}{10}\right)$ ⇒ $\left(\dfrac{11\times\boxed{}}{14\times 5}, \dfrac{9\times\boxed{}}{10\times 7}\right)$ ⇒ $\left(\dfrac{\boxed{}}{\boxed{}}, \dfrac{\boxed{}}{\boxed{}}\right)$

10 $\left(\dfrac{5}{24}, \dfrac{13}{32}\right)$ ⇒ $\left(\dfrac{5\times\boxed{}}{24\times 4}, \dfrac{13\times\boxed{}}{32\times 3}\right)$ ⇒ $\left(\dfrac{\boxed{}}{\boxed{}}, \dfrac{\boxed{}}{\boxed{}}\right)$

○ 분모의 곱을 공통분모로 하여 통분해 보세요.

11 $\left(\dfrac{1}{2}, \dfrac{4}{5} \right) \Rightarrow ($, $)$

18 $\left(\dfrac{4}{7}, \dfrac{8}{9} \right) \Rightarrow ($, $)$

12 $\left(\dfrac{2}{3}, \dfrac{1}{6} \right) \Rightarrow ($, $)$

19 $\left(\dfrac{5}{6}, \dfrac{3}{11} \right) \Rightarrow ($, $)$

13 $\left(\dfrac{5}{9}, \dfrac{1}{3} \right) \Rightarrow ($, $)$

20 $\left(\dfrac{8}{25}, \dfrac{2}{3} \right) \Rightarrow ($, $)$

14 $\left(\dfrac{13}{18}, \dfrac{1}{2} \right) \Rightarrow ($, $)$

21 $\left(\dfrac{5}{16}, \dfrac{3}{5} \right) \Rightarrow ($, $)$

15 $\left(\dfrac{2}{5}, \dfrac{1}{8} \right) \Rightarrow ($, $)$

22 $\left(\dfrac{17}{20}, \dfrac{3}{4} \right) \Rightarrow ($, $)$

16 $\left(\dfrac{1}{12}, \dfrac{1}{4} \right) \Rightarrow ($, $)$

23 $\left(\dfrac{8}{15}, \dfrac{1}{6} \right) \Rightarrow ($, $)$

17 $\left(\dfrac{7}{10}, \dfrac{5}{6} \right) \Rightarrow ($, $)$

24 $\left(\dfrac{3}{13}, \dfrac{2}{7} \right) \Rightarrow ($, $)$

○ 분모의 최소공배수를 공통분모로 하여 통분해 보세요.

㉕ $\left(\dfrac{1}{4}, \dfrac{5}{8}\right) \Rightarrow ($, $)$

㉜ $\left(\dfrac{9}{20}, \dfrac{9}{12}\right) \Rightarrow ($, $)$

㉖ $\left(\dfrac{2}{3}, \dfrac{4}{9}\right) \Rightarrow ($, $)$

㉝ $\left(\dfrac{17}{30}, \dfrac{5}{12}\right) \Rightarrow ($, $)$

㉗ $\left(\dfrac{5}{12}, \dfrac{3}{8}\right) \Rightarrow ($, $)$

㉞ $\left(\dfrac{19}{21}, \dfrac{8}{9}\right) \Rightarrow ($, $)$

㉘ $\left(\dfrac{5}{18}, \dfrac{1}{4}\right) \Rightarrow ($, $)$

㉟ $\left(\dfrac{17}{24}, \dfrac{11}{18}\right) \Rightarrow ($, $)$

㉙ $\left(\dfrac{4}{15}, \dfrac{7}{9}\right) \Rightarrow ($, $)$

㊱ $\left(\dfrac{9}{25}, \dfrac{8}{15}\right) \Rightarrow ($, $)$

㉚ $\left(\dfrac{26}{45}, \dfrac{1}{9}\right) \Rightarrow ($, $)$

㊲ $\left(\dfrac{3}{10}, \dfrac{9}{16}\right) \Rightarrow ($, $)$

㉛ $\left(\dfrac{15}{16}, \dfrac{1}{12}\right) \Rightarrow ($, $)$

㊳ $\left(\dfrac{7}{18}, \dfrac{4}{15}\right) \Rightarrow ($, $)$

 분수와 소수의 크기 비교

- $\dfrac{1}{6}$ 과 $\dfrac{3}{10}$ 의 크기 비교

$$\left(\dfrac{1}{6}, \dfrac{3}{10}\right) \xrightarrow{\text{통분}} \left(\dfrac{5}{30}, \dfrac{9}{30}\right) \blacktriangleright \dfrac{1}{6} < \dfrac{3}{10}$$

- $\dfrac{3}{5}$ 과 0.4의 크기 비교

  방법 ① 분수를 소수로 나타내어 크기 비교하기

$$\left(\dfrac{3}{5}, 0.4\right) \rightarrow (0.6, 0.4) \blacktriangleright \dfrac{3}{5} > 0.4$$

  방법 ② 소수를 분수로 나타내어 크기 비교하기

$$\left(\dfrac{3}{5}, 0.4\right) \rightarrow \left(\dfrac{3}{5}, \dfrac{4}{10}\right) \rightarrow \left(\dfrac{6}{10}, \dfrac{4}{10}\right) \blacktriangleright \dfrac{3}{5} > 0.4$$

○ 분수의 크기를 비교해 보세요.

❶ $\left(\dfrac{1}{2}, \dfrac{5}{6}\right) \Rightarrow \left(\dfrac{\boxed{}}{12}, \dfrac{\boxed{}}{12}\right) \Rightarrow \dfrac{1}{2} \bigcirc \dfrac{5}{6}$

❷ $\left(\dfrac{2}{5}, \dfrac{1}{4}\right) \Rightarrow \left(\dfrac{\boxed{}}{20}, \dfrac{\boxed{}}{20}\right) \Rightarrow \dfrac{2}{5} \bigcirc \dfrac{1}{4}$

❸ $\left(\dfrac{5}{6}, \dfrac{3}{8}\right) \Rightarrow \left(\dfrac{\boxed{}}{24}, \dfrac{\boxed{}}{24}\right) \Rightarrow \dfrac{5}{6} \bigcirc \dfrac{3}{8}$

○ 분수를 소수로 나타내어 분수와 소수의 크기를 비교해 보세요.

④ $\left(\dfrac{1}{2}, 0.3\right)$ ⇒ $\left(\boxed{}, 0.3\right)$ ⇒ $\dfrac{1}{2}$ ◯ 0.3

⑤ $\left(0.4, \dfrac{4}{5}\right)$ ⇒ $\left(0.4, \boxed{}\right)$ ⇒ 0.4 ◯ $\dfrac{4}{5}$

⑥ $\left(0.52, \dfrac{9}{20}\right)$ ⇒ $\left(0.52, \boxed{}\right)$ ⇒ 0.52 ◯ $\dfrac{9}{20}$

○ 소수를 분수로 나타내어 분수와 소수의 크기를 비교해 보세요.

⑦ $\left(\dfrac{1}{4}, 0.6\right)$ ⇒ $\left(\dfrac{1}{4}, \dfrac{\boxed{}}{10}\right)$ ⇒ $\left(\dfrac{\boxed{}}{20}, \dfrac{\boxed{}}{20}\right)$ ⇒ $\dfrac{1}{4}$ ◯ 0.6

⑧ $\left(0.97, \dfrac{17}{20}\right)$ ⇒ $\left(\dfrac{\boxed{}}{100}, \dfrac{17}{20}\right)$ ⇒ $\left(\dfrac{\boxed{}}{100}, \dfrac{\boxed{}}{100}\right)$ ⇒ 0.97 ◯ $\dfrac{17}{20}$

⑨ $\left(\dfrac{13}{25}, 0.42\right)$ ⇒ $\left(\dfrac{13}{25}, \dfrac{\boxed{}}{100}\right)$ ⇒ $\left(\dfrac{\boxed{}}{100}, \dfrac{\boxed{}}{100}\right)$ ⇒ $\dfrac{13}{25}$ ◯ 0.42

○ 분수의 크기를 비교하여 ◯ 안에 >, =, <를 알맞게 써넣으세요.

10. $\dfrac{1}{2}$ ◯ $\dfrac{2}{3}$ 17. $\dfrac{15}{32}$ ◯ $\dfrac{3}{8}$ 24. $1\dfrac{2}{5}$ ◯ $1\dfrac{3}{7}$

11. $\dfrac{1}{4}$ ◯ $\dfrac{3}{5}$ 18. $\dfrac{29}{40}$ ◯ $\dfrac{11}{25}$ 25. $2\dfrac{7}{10}$ ◯ $2\dfrac{2}{15}$

12. $\dfrac{5}{6}$ ◯ $\dfrac{7}{10}$ 19. $\dfrac{31}{45}$ ◯ $\dfrac{14}{15}$ 26. $1\dfrac{9}{20}$ ◯ $1\dfrac{7}{16}$

13. $\dfrac{3}{8}$ ◯ $\dfrac{2}{9}$ 20. $\dfrac{29}{56}$ ◯ $\dfrac{9}{14}$ 27. $3\dfrac{17}{36}$ ◯ $3\dfrac{7}{12}$

14. $\dfrac{5}{12}$ ◯ $\dfrac{9}{14}$ 21. $\dfrac{37}{60}$ ◯ $\dfrac{5}{12}$ 28. $5\dfrac{11}{45}$ ◯ $5\dfrac{13}{30}$

15. $\dfrac{5}{14}$ ◯ $\dfrac{1}{8}$ 22. $\dfrac{26}{75}$ ◯ $\dfrac{4}{15}$ 29. $6\dfrac{12}{55}$ ◯ $6\dfrac{2}{11}$

16. $\dfrac{13}{24}$ ◯ $\dfrac{11}{18}$ 23. $\dfrac{19}{84}$ ◯ $\dfrac{1}{4}$ 30. $4\dfrac{41}{72}$ ◯ $4\dfrac{25}{36}$

● 분수와 소수의 크기를 비교하여 ◯ 안에 >, =, <를 알맞게 써넣으세요.

31 $\dfrac{4}{5}$ ◯ 0.7

32 $\dfrac{9}{10}$ ◯ 0.8

33 $\dfrac{1}{4}$ ◯ 0.36

34 $\dfrac{11}{20}$ ◯ 0.57

35 $\dfrac{13}{25}$ ◯ 0.85

36 $\dfrac{27}{40}$ ◯ 0.47

37 $\dfrac{1}{3}$ ◯ 0.25

38 0.4 ◯ $\dfrac{1}{2}$

39 0.2 ◯ $\dfrac{2}{5}$

40 0.76 ◯ $\dfrac{3}{4}$

41 0.37 ◯ $\dfrac{7}{20}$

42 0.3 ◯ $\dfrac{9}{25}$

43 0.65 ◯ $\dfrac{21}{50}$

44 0.8 ◯ $\dfrac{6}{7}$

45 $3\dfrac{1}{2}$ ◯ 3.1

46 $2\dfrac{1}{5}$ ◯ 2.4

47 $1\dfrac{1}{4}$ ◯ 1.35

48 $2\dfrac{3}{20}$ ◯ 2.04

49 $4\dfrac{8}{25}$ ◯ 4.2

50 $5\dfrac{29}{40}$ ◯ 5.78

51 $5\dfrac{14}{15}$ ◯ 5.8

21 계산 Plus+

약분, 통분

● 약분할 수 있는 분수를 모두 찾아 ○표 하세요.

1

$$\frac{3}{6} \qquad \frac{8}{25} \qquad \frac{10}{50}$$

6

$$\frac{10}{15} \qquad \frac{18}{27} \qquad \frac{24}{35}$$

2

$$\frac{7}{15} \qquad \frac{4}{16} \qquad \frac{15}{20}$$

7

$$\frac{7}{16} \qquad \frac{11}{22} \qquad \frac{40}{56}$$

3

$$\frac{6}{9} \qquad \frac{2}{12} \qquad \frac{7}{25}$$

8

$$\frac{15}{25} \qquad \frac{19}{38} \qquad \frac{22}{63}$$

4

$$\frac{6}{18} \qquad \frac{15}{45} \qquad \frac{15}{52}$$

9

$$\frac{19}{30} \qquad \frac{24}{44} \qquad \frac{38}{76}$$

5

$$\frac{8}{21} \qquad \frac{12}{42} \qquad \frac{32}{64}$$

10

$$\frac{25}{55} \qquad \frac{56}{63} \qquad \frac{45}{92}$$

◉ 기약분수를 모두 찾아 ◯표 하세요.

11
$\dfrac{2}{5}$ $\dfrac{6}{10}$ $\dfrac{5}{19}$ $\dfrac{4}{20}$

17
$\dfrac{6}{8}$ $\dfrac{15}{26}$ $\dfrac{16}{36}$ $\dfrac{19}{40}$

12
$\dfrac{7}{14}$ $\dfrac{11}{18}$ $\dfrac{8}{24}$ $\dfrac{15}{32}$

18
$\dfrac{7}{10}$ $\dfrac{12}{38}$ $\dfrac{13}{26}$ $\dfrac{14}{51}$

13
$\dfrac{7}{9}$ $\dfrac{10}{15}$ $\dfrac{22}{30}$ $\dfrac{16}{21}$

19
$\dfrac{6}{13}$ $\dfrac{25}{48}$ $\dfrac{14}{28}$ $\dfrac{42}{60}$

14
$\dfrac{6}{12}$ $\dfrac{15}{25}$ $\dfrac{11}{40}$ $\dfrac{19}{34}$

20
$\dfrac{16}{37}$ $\dfrac{4}{16}$ $\dfrac{10}{45}$ $\dfrac{29}{59}$

15
$\dfrac{10}{21}$ $\dfrac{35}{50}$ $\dfrac{22}{45}$ $\dfrac{16}{32}$

21
$\dfrac{14}{35}$ $\dfrac{27}{36}$ $\dfrac{19}{30}$ $\dfrac{41}{45}$

16
$\dfrac{20}{35}$ $\dfrac{13}{14}$ $\dfrac{31}{60}$ $\dfrac{18}{42}$

22
$\dfrac{11}{20}$ $\dfrac{24}{47}$ $\dfrac{13}{39}$ $\dfrac{35}{70}$

벌이 꽃잎에 연결된 선을 따라 벌집으로 가려고 합니다.
분모의 최소공배수를 공통분모로 하여 통분한 분수를 꽃잎과 연결된 벌집에 써넣으세요.

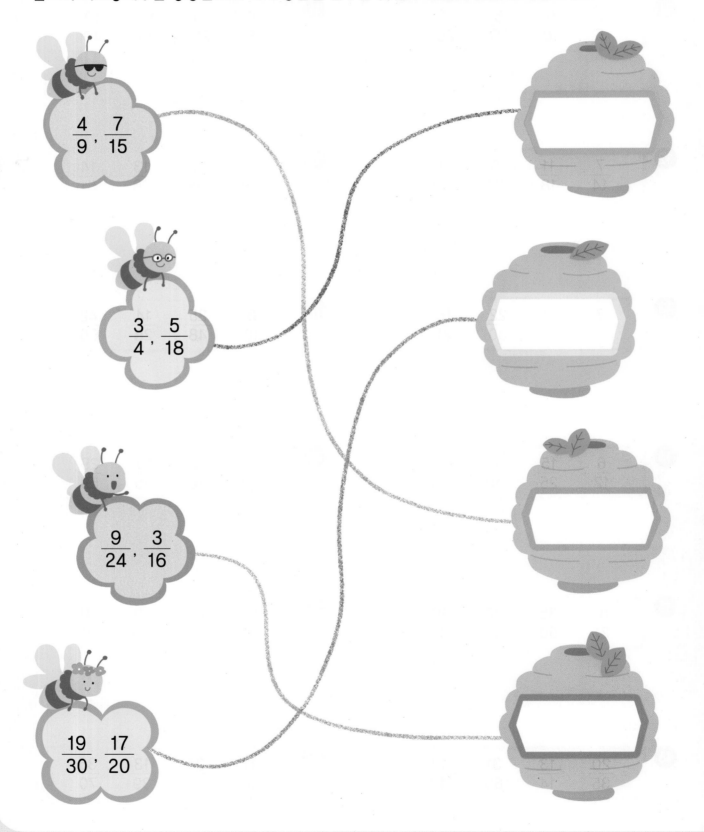

$\dfrac{4}{9}$, $\dfrac{7}{15}$

$\dfrac{3}{4}$, $\dfrac{5}{18}$

$\dfrac{9}{24}$, $\dfrac{3}{16}$

$\dfrac{19}{30}$, $\dfrac{17}{20}$

사냥꾼이 더 큰 분수를 따라갈 때 만나는 동물을 잡으려고 합니다.
사냥꾼이 잡을 수 있는 동물에 ◯표 하세요.

출발

$\dfrac{2}{5}$

$\dfrac{3}{4}$

$\dfrac{9}{25}$

$\dfrac{7}{10}$

$\dfrac{5}{6}$

$\dfrac{1}{2}$

$\dfrac{8}{9}$

$\dfrac{2}{3}$

$\dfrac{5}{7}$

$\dfrac{11}{14}$

22 약분과 통분 평가

○ 크기가 같은 분수를 3개씩 써 보세요.

1 $\dfrac{1}{4}$ ⇨ (   )

2 $\dfrac{3}{7}$ ⇨ (   )

3 $\dfrac{4}{11}$ ⇨ (   )

4 $\dfrac{15}{45}$ ⇨ (   )

5 $\dfrac{24}{54}$ ⇨ (   )

○ 약분한 분수를 모두 써 보세요.

6 $\dfrac{8}{16}$ ⇨ (   )

7 $\dfrac{9}{18}$ ⇨ (   )

○ 기약분수로 나타내어 보세요.

8 $\dfrac{14}{28}$ ⇨ (   )

9 $\dfrac{16}{40}$ ⇨ (   )

10 $\dfrac{40}{50}$ ⇨ (   )

○ 분수를 통분해 보세요.

⑪ $\left(\dfrac{1}{4}, \dfrac{6}{7} \right) \Rightarrow \left(, \right)$

⑫ $\left(\dfrac{4}{5}, \dfrac{1}{8} \right) \Rightarrow \left(, \right)$

⑬ $\left(\dfrac{5}{6}, \dfrac{2}{3} \right) \Rightarrow \left(, \right)$

⑭ $\left(\dfrac{7}{12}, \dfrac{3}{16} \right) \Rightarrow \left(, \right)$

⑮ $\left(\dfrac{12}{25}, \dfrac{7}{10} \right) \Rightarrow \left(, \right)$

○ 분수의 크기를 비교하여 ◯ 안에 >, =, < 를 알맞게 써넣으세요.

⑯ $\dfrac{4}{5}$ ◯ $\dfrac{3}{4}$

⑰ $\dfrac{1}{6}$ ◯ $\dfrac{2}{7}$

⑱ $2\dfrac{5}{8}$ ◯ $2\dfrac{7}{10}$

○ 분수와 소수의 크기를 비교하여 ◯ 안에 >, =, <를 알맞게 써넣으세요.

⑲ $\dfrac{3}{5}$ ◯ 0.7

⑳ 2.47 ◯ $2\dfrac{9}{20}$

4

분모가 다른 분수의 덧셈 훈련이 중요한

분수의 덧셈

23 합이 1보다 작은 분모가 다른 진분수의 덧셈

$\dfrac{5}{6}+\dfrac{1}{9}$의 계산

방법 ① 분모의 곱을 공통분모로 하여 통분한 후 더하기

$$\dfrac{5}{6}+\dfrac{1}{9}=\dfrac{5\times9}{6\times9}+\dfrac{1\times6}{9\times6}=\dfrac{45}{54}+\dfrac{6}{54}=\dfrac{51}{54}=\dfrac{17}{18}$$

기약분수로 나타내기

방법 ② 분모의 최소공배수를 공통분모로 하여 통분한 후 더하기

$$\dfrac{5}{6}+\dfrac{1}{9}=\dfrac{5\times3}{6\times3}+\dfrac{1\times2}{9\times2}=\dfrac{15}{18}+\dfrac{2}{18}=\dfrac{17}{18}$$

6과 9의 최소공배수: 18

◉ 계산을 하여 기약분수로 나타내어 보세요.

❶ $\dfrac{1}{4}+\dfrac{1}{2}=$

❹ $\dfrac{2}{9}+\dfrac{1}{3}=$

❼ $\dfrac{1}{2}+\dfrac{3}{7}=$

❷ $\dfrac{1}{2}+\dfrac{1}{3}=$

❺ $\dfrac{2}{5}+\dfrac{1}{2}=$

❽ $\dfrac{2}{9}+\dfrac{1}{6}=$

❸ $\dfrac{2}{3}+\dfrac{1}{6}=$

❻ $\dfrac{3}{4}+\dfrac{1}{6}=$

❾ $\dfrac{5}{6}+\dfrac{1}{10}=$

10 $\dfrac{1}{4} + \dfrac{7}{20} =$

11 $\dfrac{4}{7} + \dfrac{1}{3} =$

12 $\dfrac{5}{24} + \dfrac{5}{8} =$

13 $\dfrac{4}{5} + \dfrac{2}{25} =$

14 $\dfrac{1}{5} + \dfrac{1}{6} =$

15 $\dfrac{2}{7} + \dfrac{3}{5} =$

16 $\dfrac{3}{4} + \dfrac{1}{9} =$

17 $\dfrac{1}{18} + \dfrac{3}{4} =$

18 $\dfrac{3}{8} + \dfrac{2}{5} =$

19 $\dfrac{9}{14} + \dfrac{4}{21} =$

20 $\dfrac{3}{11} + \dfrac{1}{4} =$

21 $\dfrac{4}{15} + \dfrac{2}{9} =$

22 $\dfrac{2}{3} + \dfrac{5}{16} =$

23 $\dfrac{5}{12} + \dfrac{7}{16} =$

24 $\dfrac{7}{10} + \dfrac{3}{25} =$

25 $\dfrac{7}{12} + \dfrac{3}{10} =$

26 $\dfrac{4}{15} + \dfrac{9}{20} =$

27 $\dfrac{2}{9} + \dfrac{2}{7} =$

28 $\dfrac{13}{24} + \dfrac{7}{36} =$

29 $\dfrac{1}{8} + \dfrac{3}{11} =$

30 $\dfrac{19}{50} + \dfrac{11}{20} =$

● 계산을 하여 기약분수로 나타내어 보세요.

③₁ $\dfrac{1}{5} + \dfrac{1}{10} =$

③₂ $\dfrac{1}{2} + \dfrac{1}{12} =$

③₃ $\dfrac{3}{4} + \dfrac{1}{12} =$

③₄ $\dfrac{1}{3} + \dfrac{2}{5} =$

③₅ $\dfrac{4}{9} + \dfrac{1}{2} =$

③₆ $\dfrac{1}{6} + \dfrac{5}{8} =$

③₇ $\dfrac{5}{24} + \dfrac{1}{4} =$

③₈ $\dfrac{13}{27} + \dfrac{4}{9} =$

③₉ $\dfrac{1}{4} + \dfrac{3}{7} =$

④₀ $\dfrac{7}{10} + \dfrac{2}{15} =$

④₁ $\dfrac{2}{3} + \dfrac{2}{11} =$

④₂ $\dfrac{4}{7} + \dfrac{13}{35} =$

④₃ $\dfrac{22}{35} + \dfrac{1}{7} =$

④₄ $\dfrac{7}{18} + \dfrac{5}{12} =$

④₅ $\dfrac{1}{5} + \dfrac{5}{8} =$

④₆ $\dfrac{1}{6} + \dfrac{16}{21} =$

④₇ $\dfrac{4}{7} + \dfrac{1}{6} =$

④₈ $\dfrac{9}{14} + \dfrac{1}{6} =$

④₉ $\dfrac{2}{9} + \dfrac{3}{5} =$

⑤₀ $\dfrac{6}{25} + \dfrac{7}{50} =$

⑤₁ $\dfrac{6}{13} + \dfrac{1}{4} =$

52 $\dfrac{14}{27} + \dfrac{1}{6} =$

53 $\dfrac{2}{5} + \dfrac{6}{11} =$

54 $\dfrac{5}{8} + \dfrac{1}{14} =$

55 $\dfrac{3}{20} + \dfrac{5}{6} =$

56 $\dfrac{7}{30} + \dfrac{9}{20} =$

57 $\dfrac{1}{9} + \dfrac{4}{7} =$

58 $\dfrac{9}{14} + \dfrac{12}{35} =$

59 $\dfrac{5}{8} + \dfrac{7}{36} =$

60 $\dfrac{11}{18} + \dfrac{3}{8} =$

61 $\dfrac{16}{39} + \dfrac{15}{26} =$

62 $\dfrac{13}{20} + \dfrac{3}{16} =$

63 $\dfrac{32}{81} + \dfrac{16}{27} =$

64 $\dfrac{5}{14} + \dfrac{5}{12} =$

65 $\dfrac{6}{17} + \dfrac{3}{5} =$

66 $\dfrac{2}{9} + \dfrac{3}{10} =$

67 $\dfrac{19}{45} + \dfrac{1}{2} =$

68 $\dfrac{21}{32} + \dfrac{5}{24} =$

69 $\dfrac{8}{11} + \dfrac{2}{9} =$

70 $\dfrac{14}{25} + \dfrac{1}{4} =$

71 $\dfrac{13}{24} + \dfrac{7}{20} =$

72 $\dfrac{7}{18} + \dfrac{5}{16} =$

24 합이 1보다 큰 분모가 다른 진분수의 덧셈

● $\dfrac{3}{4}+\dfrac{5}{6}$의 계산

방법 ① 분모의 곱을 공통분모로 하여 통분한 후 더하기

$$\dfrac{3}{4}+\dfrac{5}{6}=\dfrac{3\times6}{4\times6}+\dfrac{5\times4}{6\times4}=\dfrac{18}{24}+\dfrac{20}{24}=\dfrac{38}{24}=1\dfrac{14}{24}=1\dfrac{7}{12}$$

가분수 → 대분수

방법 ② 분모의 최소공배수를 공통분모로 하여 통분한 후 더하기

$$\dfrac{3}{4}+\dfrac{5}{6}=\dfrac{3\times3}{4\times3}+\dfrac{5\times2}{6\times2}=\dfrac{9}{12}+\dfrac{10}{12}=\dfrac{19}{12}=1\dfrac{7}{12}$$

4와 6의 최소공배수: 12

가분수 → 대분수

○ 계산을 하여 기약분수로 나타내어 보세요.

1 $\dfrac{2}{3}+\dfrac{5}{6}=$

2 $\dfrac{5}{6}+\dfrac{1}{2}=$

3 $\dfrac{3}{4}+\dfrac{5}{8}=$

4 $\dfrac{1}{2}+\dfrac{4}{5}=$

5 $\dfrac{3}{4}+\dfrac{2}{3}=$

6 $\dfrac{5}{6}+\dfrac{7}{12}=$

7 $\dfrac{2}{3}+\dfrac{2}{5}=$

8 $\dfrac{4}{9}+\dfrac{5}{6}=$

9 $\dfrac{1}{4}+\dfrac{9}{10}=$

10 $\dfrac{4}{7} + \dfrac{2}{3} =$

11 $\dfrac{2}{3} + \dfrac{7}{8} =$

12 $\dfrac{4}{5} + \dfrac{6}{25} =$

13 $\dfrac{1}{2} + \dfrac{10}{13} =$

14 $\dfrac{6}{7} + \dfrac{5}{28} =$

15 $\dfrac{11}{14} + \dfrac{3}{4} =$

16 $\dfrac{2}{3} + \dfrac{7}{10} =$

17 $\dfrac{7}{9} + \dfrac{3}{4} =$

18 $\dfrac{1}{3} + \dfrac{12}{13} =$

19 $\dfrac{4}{5} + \dfrac{7}{8} =$

20 $\dfrac{14}{15} + \dfrac{4}{9} =$

21 $\dfrac{11}{12} + \dfrac{7}{16} =$

22 $\dfrac{14}{25} + \dfrac{9}{10} =$

23 $\dfrac{5}{8} + \dfrac{5}{7} =$

24 $\dfrac{7}{12} + \dfrac{11}{15} =$

25 $\dfrac{11}{13} + \dfrac{2}{5} =$

26 $\dfrac{12}{17} + \dfrac{3}{4} =$

27 $\dfrac{22}{35} + \dfrac{1}{2} =$

28 $\dfrac{5}{9} + \dfrac{17}{24} =$

29 $\dfrac{8}{11} + \dfrac{6}{7} =$

30 $\dfrac{13}{20} + \dfrac{15}{16} =$

○ 계산을 하여 기약분수로 나타내어 보세요.

③¹ $\frac{9}{10} + \frac{3}{5} =$

③² $\frac{1}{4} + \frac{11}{12} =$

③³ $\frac{5}{7} + \frac{1}{2} =$

③⁴ $\frac{4}{15} + \frac{4}{5} =$

③⁵ $\frac{1}{2} + \frac{8}{9} =$

③⁶ $\frac{1}{6} + \frac{8}{9} =$

③⁷ $\frac{3}{10} + \frac{19}{20} =$

③⁸ $\frac{1}{3} + \frac{6}{7} =$

③⁹ $\frac{7}{8} + \frac{5}{6} =$

④⁰ $\frac{5}{12} + \frac{7}{8} =$

④¹ $\frac{17}{24} + \frac{5}{12} =$

④² $\frac{5}{6} + \frac{4}{5} =$

④³ $\frac{8}{15} + \frac{7}{10} =$

④⁴ $\frac{3}{5} + \frac{5}{7} =$

④⁵ $\frac{5}{9} + \frac{7}{12} =$

④⁶ $\frac{17}{18} + \frac{5}{12} =$

④⁷ $\frac{9}{10} + \frac{3}{8} =$

④⁸ $\frac{16}{21} + \frac{11}{14} =$

④⁹ $\frac{29}{42} + \frac{13}{21} =$

⑤⁰ $\frac{7}{16} + \frac{19}{24} =$

⑤¹ $\frac{14}{27} + \frac{13}{18} =$

52) $\dfrac{8}{11} + \dfrac{2}{5} =$

53) $\dfrac{9}{14} + \dfrac{5}{8} =$

54) $\dfrac{11}{15} + \dfrac{11}{20} =$

55) $\dfrac{5}{9} + \dfrac{6}{7} =$

56) $\dfrac{16}{21} + \dfrac{7}{9} =$

57) $\dfrac{19}{22} + \dfrac{16}{33} =$

58) $\dfrac{29}{35} + \dfrac{3}{10} =$

59) $\dfrac{17}{36} + \dfrac{19}{24} =$

60) $\dfrac{22}{25} + \dfrac{7}{15} =$

61) $\dfrac{10}{11} + \dfrac{4}{7} =$

62) $\dfrac{17}{20} + \dfrac{5}{16} =$

63) $\dfrac{5}{12} + \dfrac{6}{7} =$

64) $\dfrac{15}{22} + \dfrac{3}{8} =$

65) $\dfrac{23}{30} + \dfrac{26}{45} =$

66) $\dfrac{22}{45} + \dfrac{17}{18} =$

67) $\dfrac{1}{4} + \dfrac{22}{23} =$

68) $\dfrac{15}{19} + \dfrac{4}{5} =$

69) $\dfrac{21}{32} + \dfrac{31}{48} =$

70) $\dfrac{14}{25} + \dfrac{13}{20} =$

71) $\dfrac{14}{27} + \dfrac{7}{12} =$

72) $\dfrac{7}{8} + \dfrac{8}{15} =$

대분수의 덧셈

○ $1\frac{2}{3}+2\frac{1}{2}$의 계산

방법 ① 자연수는 자연수끼리, 진분수는 진분수끼리 더하기

$$1\frac{2}{3}+2\frac{1}{2}=1\frac{4}{6}+2\frac{3}{6}=(1+2)+\left(\frac{4}{6}+\frac{3}{6}\right)=3+\frac{7}{6}=3+1\frac{1}{6}=4\frac{1}{6}$$

가분수 → 대분수

방법 ② 대분수를 가분수로 바꾸어 더하기

$$1\frac{2}{3}+2\frac{1}{2}=\frac{5}{3}+\frac{5}{2}=\frac{10}{6}+\frac{15}{6}=\frac{25}{6}=4\frac{1}{6}$$

가분수 → 대분수

○ 계산을 하여 기약분수로 나타내어 보세요.

❶ $1\frac{1}{2}+1\frac{1}{6}=$

❹ $3\frac{3}{7}+1\frac{1}{3}=$

❼ $1\frac{1}{4}+4\frac{3}{11}=$

❷ $2\frac{1}{4}+2\frac{3}{8}=$

❺ $1\frac{4}{15}+7\frac{1}{2}=$

❽ $5\frac{5}{16}+2\frac{1}{3}=$

❸ $2\frac{1}{6}+4\frac{2}{9}=$

❻ $3\frac{5}{9}+3\frac{1}{4}=$

❾ $1\frac{3}{14}+3\frac{3}{8}=$

⑩ $3\dfrac{3}{4}+1\dfrac{1}{2}=$

⑰ $3\dfrac{3}{7}+2\dfrac{3}{4}=$

㉔ $4\dfrac{20}{27}+1\dfrac{1}{2}=$

⑪ $1\dfrac{2}{3}+1\dfrac{5}{6}=$

⑱ $1\dfrac{9}{16}+3\dfrac{21}{32}=$

㉕ $3\dfrac{4}{7}+1\dfrac{5}{9}=$

⑫ $2\dfrac{1}{2}+2\dfrac{4}{5}=$

⑲ $2\dfrac{5}{12}+1\dfrac{7}{9}=$

㉖ $2\dfrac{6}{13}+1\dfrac{4}{5}=$

⑬ $5\dfrac{5}{7}+1\dfrac{9}{14}=$

⑳ $1\dfrac{12}{13}+2\dfrac{2}{3}=$

㉗ $1\dfrac{10}{11}+3\dfrac{1}{6}=$

⑭ $3\dfrac{2}{3}+2\dfrac{4}{5}=$

㉑ $3\dfrac{7}{8}+3\dfrac{3}{10}=$

㉘ $1\dfrac{29}{36}+4\dfrac{11}{24}=$

⑮ $2\dfrac{3}{4}+2\dfrac{2}{5}=$

㉒ $2\dfrac{7}{9}+2\dfrac{8}{15}=$

㉙ $2\dfrac{8}{25}+2\dfrac{14}{15}=$

⑯ $2\dfrac{5}{6}+4\dfrac{3}{8}=$

㉓ $3\dfrac{19}{50}+3\dfrac{22}{25}=$

㉚ $4\dfrac{9}{16}+3\dfrac{17}{20}=$

○ 계산을 하여 기약분수로 나타내어 보세요.

31 $3\dfrac{4}{9}+2\dfrac{1}{3}=$

32 $3\dfrac{3}{10}+1\dfrac{2}{5}=$

33 $2\dfrac{1}{6}+5\dfrac{1}{4}=$

34 $1\dfrac{5}{6}+2\dfrac{1}{14}=$

35 $3\dfrac{2}{5}+3\dfrac{12}{25}=$

36 $8\dfrac{1}{3}+1\dfrac{6}{11}=$

37 $4\dfrac{1}{2}+3\dfrac{4}{17}=$

38 $2\dfrac{3}{8}+1\dfrac{3}{20}=$

39 $4\dfrac{9}{13}+2\dfrac{11}{52}=$

40 $2\dfrac{1}{8}+3\dfrac{2}{7}=$

41 $2\dfrac{1}{6}+2\dfrac{11}{20}=$

42 $3\dfrac{6}{17}+2\dfrac{1}{4}=$

43 $4\dfrac{3}{10}+2\dfrac{1}{7}=$

44 $1\dfrac{4}{11}+1\dfrac{2}{7}=$

45 $5\dfrac{11}{26}+3\dfrac{5}{39}=$

46 $3\dfrac{40}{81}+1\dfrac{10}{27}=$

47 $5\dfrac{2}{7}+2\dfrac{5}{12}=$

48 $2\dfrac{1}{5}+4\dfrac{2}{17}=$

49 $3\dfrac{8}{15}+3\dfrac{7}{18}=$

50 $2\dfrac{28}{49}+5\dfrac{5}{14}=$

51 $6\dfrac{11}{20}+2\dfrac{17}{50}=$

52 $3\dfrac{2}{3}+4\dfrac{1}{2}=$

59 $1\dfrac{21}{40}+2\dfrac{9}{10}=$

66 $2\dfrac{16}{39}+3\dfrac{21}{26}=$

53 $2\dfrac{4}{5}+1\dfrac{1}{3}=$

60 $3\dfrac{7}{15}+2\dfrac{8}{9}=$

67 $2\dfrac{16}{21}+2\dfrac{9}{28}=$

54 $1\dfrac{7}{9}+3\dfrac{17}{18}=$

61 $3\dfrac{16}{27}+3\dfrac{5}{6}=$

68 $2\dfrac{10}{11}+5\dfrac{5}{8}=$

55 $5\dfrac{9}{10}+2\dfrac{3}{4}=$

62 $1\dfrac{3}{5}+2\dfrac{26}{55}=$

69 $1\dfrac{5}{9}+4\dfrac{7}{10}=$

56 $1\dfrac{5}{8}+1\dfrac{7}{12}=$

63 $3\dfrac{3}{4}+1\dfrac{8}{15}=$

70 $1\dfrac{17}{32}+3\dfrac{13}{24}=$

57 $5\dfrac{2}{3}+1\dfrac{9}{10}=$

64 $3\dfrac{15}{22}+4\dfrac{19}{33}=$

71 $2\dfrac{5}{14}+3\dfrac{15}{16}=$

58 $4\dfrac{23}{36}+1\dfrac{5}{12}=$

65 $1\dfrac{17}{24}+4\dfrac{7}{18}=$

72 $3\dfrac{8}{15}+5\dfrac{7}{8}=$

26 계산 Plus+

분수의 덧셈

○ 빈칸에 알맞은 기약분수를 써넣으세요.

1 $\dfrac{1}{8}$ $+$ $\dfrac{1}{4}$ ☐

$\dfrac{1}{8}+\dfrac{1}{4}$ 을 계산해요.

5 $2\dfrac{2}{7}$ $+$ $1\dfrac{1}{3}$ ☐

2 $\dfrac{2}{5}$ $+$ $\dfrac{3}{7}$ ☐

6 $2\dfrac{1}{3}$ $+$ $3\dfrac{1}{8}$ ☐

3 $\dfrac{3}{5}$ $+$ $\dfrac{1}{2}$ ☐

7 $1\dfrac{3}{4}$ $+$ $2\dfrac{5}{9}$ ☐

4 $\dfrac{7}{9}$ $+$ $\dfrac{1}{2}$ ☐

8 $3\dfrac{8}{9}$ $+$ $2\dfrac{11}{15}$ ☐

9

$$\frac{4}{15}$$

$$+\frac{3}{5}$$

$\frac{4}{15}+\frac{3}{5}$을
계산해요.

12

$$\frac{9}{14}$$

$$+\frac{10}{21}$$

10

$$\frac{1}{4}$$

$$+\frac{3}{10}$$

13

$$3\frac{1}{3}$$

$$+1\frac{1}{4}$$

11

$$\frac{6}{7}$$

$$+\frac{3}{4}$$

14

$$2\frac{5}{7}$$

$$+3\frac{1}{2}$$

계산을 하여 표에서 계산 결과가 나타내는 색으로 풍선을 색칠해 보세요.

$$\frac{1}{6} + \frac{9}{10}$$

$$1\frac{4}{9} + 1\frac{8}{15}$$

$$2\frac{4}{25} + 1\frac{7}{50}$$

$$1\frac{7}{10} + 1\frac{3}{5}$$

$$\frac{1}{4} + \frac{3}{8}$$

$$\frac{1}{3} + \frac{11}{15}$$

$\frac{5}{8}$	$3\frac{3}{10}$	$2\frac{44}{45}$	$1\frac{1}{15}$

승우는 계산 결과가 맞으면 → 를, 틀리면 → 를 따라가서 만나는 장난감 자동차를 사려고 합니다. 승우가 살 수 있는 장난감 자동차에 ◯표 하세요.

출발

$\dfrac{1}{7} + \dfrac{1}{2} = \dfrac{11}{14}$ →

$2\dfrac{1}{6} + 2\dfrac{1}{8} = 4\dfrac{7}{24}$ →

$1\dfrac{17}{20} + 3\dfrac{1}{60} = 4\dfrac{1}{60}$

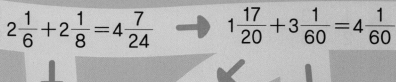

$\dfrac{5}{6} + \dfrac{3}{5} = \dfrac{19}{30}$ →

$1\dfrac{3}{5} + 2\dfrac{1}{4} = 3\dfrac{17}{20}$ →

$\dfrac{2}{9} + \dfrac{5}{12} = \dfrac{3}{36}$

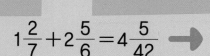

$1\dfrac{2}{7} + 2\dfrac{5}{6} = 4\dfrac{5}{42}$ →

$1\dfrac{5}{24} + 1\dfrac{4}{9} = 2\dfrac{47}{72}$ →

$\dfrac{7}{10} + \dfrac{9}{16} = 1\dfrac{21}{80}$

113

27 분수의 덧셈 평가

⬤ 계산을 하여 기약분수로 나타내어 보세요.

1. $\dfrac{1}{2} + \dfrac{3}{8} =$

2. $\dfrac{3}{10} + \dfrac{2}{5} =$

3. $\dfrac{3}{8} + \dfrac{5}{12} =$

4. $\dfrac{4}{9} + \dfrac{1}{4} =$

5. $\dfrac{7}{10} + \dfrac{4}{25} =$

6. $\dfrac{5}{9} + \dfrac{2}{3} =$

7. $\dfrac{4}{5} + \dfrac{3}{4} =$

8. $\dfrac{11}{18} + \dfrac{7}{12} =$

9. $\dfrac{15}{16} + \dfrac{1}{6} =$

10. $\dfrac{9}{11} + \dfrac{4}{5} =$

⑪ $1\dfrac{1}{3}+2\dfrac{1}{6}=$

⑫ $1\dfrac{8}{9}+1\dfrac{5}{6}=$

⑬ $3\dfrac{1}{7}+2\dfrac{3}{4}=$

⑭ $2\dfrac{1}{2}+4\dfrac{11}{15}=$

⑮ $1\dfrac{9}{14}+1\dfrac{8}{21}=$

⑯ $4\dfrac{3}{5}+1\dfrac{10}{11}=$

○ 빈칸에 알맞은 기약분수를 써넣으세요.

⑰
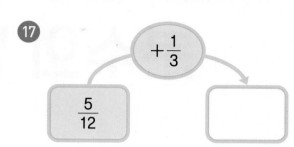

⑱
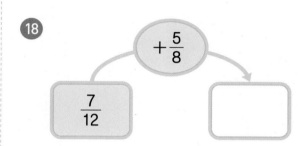

⑲
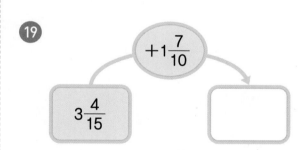

⑳
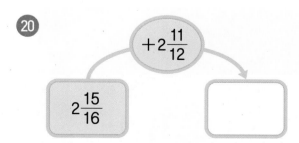

5

분모가 다른 분수의 뺄셈 훈련이 중요한

분수의 뺄셈

28 진분수의 뺄셈

○ $\dfrac{3}{5} - \dfrac{1}{10}$ 의 계산

방법① 분모의 곱을 공통분모로 하여 통분한 후 빼기

$$\dfrac{3}{5} - \dfrac{1}{10} = \dfrac{3 \times 10}{5 \times 10} - \dfrac{1 \times 5}{10 \times 5} = \dfrac{30}{50} - \dfrac{5}{50} = \dfrac{25}{50} = \dfrac{1}{2}$$

기약분수로 나타내기

방법② 분모의 최소공배수를 공통분모로 하여 통분한 후 빼기

$$\dfrac{3}{5} - \dfrac{1}{10} = \dfrac{3 \times 2}{5 \times 2} - \dfrac{1}{10} = \dfrac{6}{10} - \dfrac{1}{10} = \dfrac{5}{10} = \dfrac{1}{2}$$

5와 10의 최소공배수: 10

○ 계산을 하여 기약분수로 나타내어 보세요.

1 $\dfrac{5}{6} - \dfrac{1}{3} =$

4 $\dfrac{2}{3} - \dfrac{1}{4} =$

7 $\dfrac{1}{4} - \dfrac{3}{16} =$

2 $\dfrac{3}{4} - \dfrac{3}{8} =$

5 $\dfrac{9}{14} - \dfrac{3}{7} =$

8 $\dfrac{1}{6} - \dfrac{1}{18} =$

3 $\dfrac{1}{2} - \dfrac{2}{5} =$

6 $\dfrac{4}{5} - \dfrac{4}{15} =$

9 $\dfrac{6}{7} - \dfrac{2}{3} =$

⑩ $\dfrac{5}{8} - \dfrac{5}{12} =$

⑪ $\dfrac{7}{8} - \dfrac{2}{3} =$

⑫ $\dfrac{13}{25} - \dfrac{1}{5} =$

⑬ $\dfrac{5}{7} - \dfrac{1}{4} =$

⑭ $\dfrac{1}{2} - \dfrac{2}{15} =$

⑮ $\dfrac{7}{10} - \dfrac{2}{3} =$

⑯ $\dfrac{7}{12} - \dfrac{4}{9} =$

⑰ $\dfrac{17}{18} - \dfrac{3}{4} =$

⑱ $\dfrac{2}{3} - \dfrac{5}{13} =$

⑲ $\dfrac{4}{5} - \dfrac{3}{8} =$

⑳ $\dfrac{5}{6} - \dfrac{3}{7} =$

㉑ $\dfrac{7}{9} - \dfrac{8}{15} =$

㉒ $\dfrac{11}{12} - \dfrac{5}{16} =$

㉓ $\dfrac{22}{25} - \dfrac{7}{10} =$

㉔ $\dfrac{7}{8} - \dfrac{6}{7} =$

㉕ $\dfrac{5}{12} - \dfrac{2}{5} =$

㉖ $\dfrac{4}{9} - \dfrac{8}{21} =$

㉗ $\dfrac{22}{23} - \dfrac{2}{3} =$

㉘ $\dfrac{5}{9} - \dfrac{3}{8} =$

㉙ $\dfrac{4}{7} - \dfrac{3}{11} =$

㉚ $\dfrac{11}{20} - \dfrac{5}{16} =$

○ 계산을 하여 기약분수로 나타내어 보세요.

③¹ $\dfrac{4}{5} - \dfrac{3}{10} =$

③² $\dfrac{2}{3} - \dfrac{1}{5} =$

③³ $\dfrac{3}{4} - \dfrac{1}{10} =$

③⁴ $\dfrac{7}{11} - \dfrac{1}{2} =$

③⁵ $\dfrac{5}{6} - \dfrac{3}{8} =$

③⁶ $\dfrac{22}{27} - \dfrac{4}{9} =$

③⁷ $\dfrac{1}{2} - \dfrac{5}{17} =$

③⁸ $\dfrac{18}{35} - \dfrac{2}{7} =$

③⁹ $\dfrac{5}{9} - \dfrac{5}{12} =$

④⁰ $\dfrac{11}{12} - \dfrac{7}{18} =$

④¹ $\dfrac{9}{10} - \dfrac{5}{8} =$

④² $\dfrac{5}{6} - \dfrac{16}{21} =$

④³ $\dfrac{10}{11} - \dfrac{3}{4} =$

④⁴ $\dfrac{18}{22} - \dfrac{3}{4} =$

④⁵ $\dfrac{3}{5} - \dfrac{5}{9} =$

④⁶ $\dfrac{41}{48} - \dfrac{3}{16} =$

④⁷ $\dfrac{27}{50} - \dfrac{3}{10} =$

④⁸ $\dfrac{5}{6} - \dfrac{10}{27} =$

④⁹ $\dfrac{11}{18} - \dfrac{5}{27} =$

⑤⁰ $\dfrac{6}{11} - \dfrac{2}{5} =$

⑤¹ $\dfrac{5}{8} - \dfrac{3}{14} =$

52 $\dfrac{5}{6} - \dfrac{7}{20} =$

53 $\dfrac{13}{20} - \dfrac{4}{15} =$

54 $\dfrac{4}{7} - \dfrac{2}{9} =$

55 $\dfrac{14}{33} - \dfrac{7}{22} =$

56 $\dfrac{18}{35} - \dfrac{1}{2} =$

57 $\dfrac{17}{24} - \dfrac{11}{36} =$

58 $\dfrac{16}{19} - \dfrac{3}{4} =$

59 $\dfrac{11}{15} - \dfrac{4}{25} =$

60 $\dfrac{14}{39} - \dfrac{5}{26} =$

61 $\dfrac{9}{10} - \dfrac{7}{16} =$

62 $\dfrac{14}{27} - \dfrac{11}{81} =$

63 $\dfrac{6}{7} - \dfrac{5}{12} =$

64 $\dfrac{11}{14} - \dfrac{7}{12} =$

65 $\dfrac{22}{29} - \dfrac{1}{3} =$

66 $\dfrac{13}{15} - \dfrac{5}{18} =$

67 $\dfrac{12}{13} - \dfrac{4}{7} =$

68 $\dfrac{16}{19} - \dfrac{2}{5} =$

69 $\dfrac{7}{12} - \dfrac{13}{32} =$

70 $\dfrac{10}{11} - \dfrac{5}{9} =$

71 $\dfrac{9}{13} - \dfrac{5}{8} =$

72 $\dfrac{13}{24} - \dfrac{9}{20} =$

진분수 부분끼리 뺄 수 있는 분모가 다른 대분수의 뺄셈

● $3\dfrac{5}{6}-1\dfrac{3}{8}$의 계산

방법① 자연수는 자연수끼리, 진분수는 진분수끼리 빼기

$$3\dfrac{5}{6}-1\dfrac{3}{8}=3\dfrac{20}{24}-1\dfrac{9}{24}=(3-1)+\left(\dfrac{20}{24}-\dfrac{9}{24}\right)=2+\dfrac{11}{24}=2\dfrac{11}{24}$$

방법② 대분수를 가분수로 바꾸어 빼기

$$3\dfrac{5}{6}-1\dfrac{3}{8}=\dfrac{23}{6}-\dfrac{11}{8}=\dfrac{92}{24}-\dfrac{33}{24}=\dfrac{59}{24}=2\dfrac{11}{24}$$
가분수 → 대분수

○ 계산을 하여 기약분수로 나타내어 보세요.

① $3\dfrac{1}{2}-2\dfrac{1}{6}=$

④ $2\dfrac{9}{10}-1\dfrac{4}{5}=$

⑦ $5\dfrac{1}{2}-1\dfrac{2}{9}=$

② $4\dfrac{4}{9}-2\dfrac{1}{3}=$

⑤ $4\dfrac{2}{3}-1\dfrac{1}{4}=$

⑧ $6\dfrac{4}{5}-2\dfrac{1}{4}=$

③ $2\dfrac{1}{2}-1\dfrac{1}{5}=$

⑥ $6\dfrac{1}{2}-3\dfrac{2}{7}=$

⑨ $4\dfrac{5}{8}-1\dfrac{1}{6}=$

⑩ $5\dfrac{11}{12} - 3\dfrac{7}{24} =$

⑪ $8\dfrac{17}{26} - 5\dfrac{4}{13} =$

⑫ $6\dfrac{7}{9} - 1\dfrac{8}{27} =$

⑬ $4\dfrac{5}{6} - 3\dfrac{1}{5} =$

⑭ $7\dfrac{3}{8} - 3\dfrac{5}{32} =$

⑮ $3\dfrac{4}{5} - 1\dfrac{2}{7} =$

⑯ $7\dfrac{7}{9} - 4\dfrac{5}{12} =$

⑰ $4\dfrac{12}{13} - 2\dfrac{1}{3} =$

⑱ $7\dfrac{5}{6} - 5\dfrac{3}{7} =$

⑲ $6\dfrac{13}{14} - 3\dfrac{17}{21} =$

⑳ $8\dfrac{4}{11} - 3\dfrac{1}{4} =$

㉑ $5\dfrac{11}{15} - 1\dfrac{5}{9} =$

㉒ $6\dfrac{11}{16} - 4\dfrac{2}{3} =$

㉓ $5\dfrac{14}{25} - 3\dfrac{3}{10} =$

㉔ $7\dfrac{14}{27} - 2\dfrac{5}{18} =$

㉕ $9\dfrac{7}{12} - 5\dfrac{3}{10} =$

㉖ $4\dfrac{16}{21} - 3\dfrac{4}{9} =$

㉗ $5\dfrac{15}{22} - 2\dfrac{14}{33} =$

㉘ $3\dfrac{17}{24} - 1\dfrac{5}{36} =$

㉙ $7\dfrac{12}{25} - 2\dfrac{14}{75} =$

㉚ $3\dfrac{19}{20} - 1\dfrac{13}{16} =$

● 계산을 하여 기약분수로 나타내어 보세요.

31 $6\dfrac{5}{6}-1\dfrac{3}{4}=$

32 $4\dfrac{4}{5}-1\dfrac{2}{3}=$

33 $7\dfrac{15}{16}-3\dfrac{1}{2}=$

34 $5\dfrac{5}{6}-4\dfrac{4}{9}=$

35 $4\dfrac{11}{18}-2\dfrac{1}{6}=$

36 $6\dfrac{4}{7}-2\dfrac{1}{3}=$

37 $3\dfrac{5}{8}-2\dfrac{7}{12}=$

38 $8\dfrac{7}{8}-3\dfrac{5}{6}=$

39 $5\dfrac{7}{10}-2\dfrac{1}{4}=$

40 $6\dfrac{3}{10}-4\dfrac{1}{6}=$

41 $3\dfrac{16}{17}-2\dfrac{1}{2}=$

42 $5\dfrac{6}{7}-3\dfrac{2}{5}=$

43 $6\dfrac{13}{18}-3\dfrac{7}{12}=$

44 $7\dfrac{5}{8}-5\dfrac{3}{5}=$

45 $4\dfrac{7}{10}-1\dfrac{3}{8}=$

46 $2\dfrac{4}{5}-1\dfrac{2}{9}=$

47 $3\dfrac{15}{23}-2\dfrac{1}{2}=$

48 $5\dfrac{11}{12}-3\dfrac{7}{16}=$

49 $6\dfrac{9}{10}-2\dfrac{11}{25}=$

50 $4\dfrac{43}{52}-3\dfrac{2}{13}=$

51 $4\dfrac{3}{5}-1\dfrac{7}{55}=$

52　$3\dfrac{4}{7}-1\dfrac{3}{8}=$

53　$3\dfrac{5}{12}-2\dfrac{2}{5}=$

54　$7\dfrac{49}{60}-2\dfrac{19}{30}=$

55　$4\dfrac{6}{7}-2\dfrac{2}{9}=$

56　$6\dfrac{15}{17}-1\dfrac{3}{4}=$

57　$4\dfrac{5}{7}-2\dfrac{3}{10}=$

58　$6\dfrac{11}{14}-3\dfrac{9}{35}=$

59　$5\dfrac{7}{8}-1\dfrac{4}{9}=$

60　$4\dfrac{8}{11}-1\dfrac{4}{7}=$

61　$9\dfrac{15}{26}-4\dfrac{13}{39}=$

62　$2\dfrac{17}{20}-1\dfrac{9}{16}=$

63　$7\dfrac{25}{27}-3\dfrac{40}{81}=$

64　$4\dfrac{11}{21}-1\dfrac{5}{28}=$

65　$6\dfrac{23}{28}-3\dfrac{7}{12}=$

66　$5\dfrac{13}{17}-2\dfrac{3}{5}=$

67　$8\dfrac{19}{30}-3\dfrac{8}{45}=$

68　$6\dfrac{23}{45}-3\dfrac{7}{18}=$

69　$4\dfrac{25}{32}-2\dfrac{13}{48}=$

70　$7\dfrac{4}{11}-2\dfrac{2}{9}=$

71　$5\dfrac{13}{54}-1\dfrac{7}{36}=$

72　$8\dfrac{19}{30}-1\dfrac{11}{40}=$

30 진분수 부분끼리 뺄 수 없는 분모가 다른 대분수의 뺄셈

● $4\frac{3}{10}-1\frac{3}{5}$의 계산

방법 ① 자연수는 자연수끼리, 진분수는 진분수끼리 빼기

$$4\frac{3}{10}-1\frac{3}{5}=4\frac{3}{10}-1\frac{6}{10}=3\frac{13}{10}-1\frac{6}{10}=(3-1)+\left(\frac{13}{10}-\frac{6}{10}\right)$$

자연수에서 1만큼을 가분수로 바꾸기

$$=2+\frac{7}{10}=2\frac{7}{10}$$

방법 ② 대분수를 가분수로 바꾸어 빼기

$$4\frac{3}{10}-1\frac{3}{5}=\frac{43}{10}-\frac{8}{5}=\frac{43}{10}-\frac{16}{10}=\frac{27}{10}=2\frac{7}{10}$$

◯ 계산을 하여 기약분수로 나타내어 보세요.

① $5\frac{1}{3}-1\frac{8}{9}=$

② $4\frac{1}{2}-1\frac{3}{5}=$

③ $6\frac{2}{5}-3\frac{7}{10}=$

④ $7\frac{1}{9}-2\frac{5}{6}=$

⑤ $3\frac{1}{4}-1\frac{9}{20}=$

⑥ $5\frac{3}{5}-2\frac{3}{4}=$

⑦ $2\frac{1}{3}-1\frac{6}{7}=$

⑧ $9\frac{1}{6}-4\frac{7}{8}=$

⑨ $7\frac{17}{28}-3\frac{3}{4}=$

⑩ $5\dfrac{1}{6} - 4\dfrac{4}{5} =$

⑪ $8\dfrac{1}{10} - 2\dfrac{2}{3} =$

⑫ $5\dfrac{9}{32} - 1\dfrac{3}{8} =$

⑬ $4\dfrac{1}{4} - 1\dfrac{7}{9} =$

⑭ $9\dfrac{7}{18} - 4\dfrac{3}{4} =$

⑮ $5\dfrac{1}{5} - 3\dfrac{5}{8} =$

⑯ $9\dfrac{1}{6} - 2\dfrac{2}{7} =$

⑰ $8\dfrac{4}{15} - 2\dfrac{7}{9} =$

⑱ $3\dfrac{13}{45} - 1\dfrac{4}{5} =$

⑲ $5\dfrac{7}{12} - 1\dfrac{15}{16} =$

⑳ $7\dfrac{12}{25} - 4\dfrac{7}{10} =$

㉑ $3\dfrac{6}{11} - 1\dfrac{4}{5} =$

㉒ $7\dfrac{2}{7} - 2\dfrac{7}{8} =$

㉓ $4\dfrac{7}{12} - 2\dfrac{9}{10} =$

㉔ $4\dfrac{1}{7} - 1\dfrac{4}{9} =$

㉕ $6\dfrac{3}{4} - 3\dfrac{15}{17} =$

㉖ $3\dfrac{2}{7} - 2\dfrac{9}{10} =$

㉗ $7\dfrac{2}{9} - 4\dfrac{7}{8} =$

㉘ $4\dfrac{11}{15} - 2\dfrac{19}{25} =$

㉙ $9\dfrac{13}{20} - 1\dfrac{15}{16} =$

㉚ $8\dfrac{3}{40} - 2\dfrac{5}{16}$

○ 계산을 하여 기약분수로 나타내어 보세요.

31 $3\dfrac{1}{4} - 1\dfrac{5}{8} =$

32 $7\dfrac{1}{6} - 1\dfrac{3}{4} =$

33 $6\dfrac{4}{7} - 5\dfrac{13}{14} =$

34 $7\dfrac{7}{15} - 3\dfrac{2}{3} =$

35 $5\dfrac{5}{16} - 2\dfrac{5}{8} =$

36 $8\dfrac{1}{4} - 4\dfrac{9}{10} =$

37 $5\dfrac{7}{20} - 2\dfrac{7}{10} =$

38 $8\dfrac{1}{6} - 3\dfrac{5}{24} =$

39 $6\dfrac{5}{8} - 1\dfrac{11}{12} =$

40 $8\dfrac{5}{7} - 4\dfrac{3}{4} =$

41 $3\dfrac{3}{10} - 2\dfrac{11}{15} =$

42 $8\dfrac{4}{11} - 3\dfrac{2}{3} =$

43 $7\dfrac{3}{7} - 1\dfrac{4}{5} =$

44 $6\dfrac{7}{18} - 3\dfrac{11}{12} =$

45 $6\dfrac{1}{13} - 2\dfrac{2}{3} =$

46 $5\dfrac{5}{8} - 3\dfrac{17}{20} =$

47 $4\dfrac{5}{14} - 2\dfrac{13}{21} =$

48 $8\dfrac{2}{11} - 1\dfrac{3}{4} =$

49 $7\dfrac{4}{9} - 2\dfrac{8}{15} =$

50 $4\dfrac{9}{50} - 1\dfrac{3}{5} =$

51 $5\dfrac{1}{3} - 1\dfrac{15}{17} =$

52 $6\dfrac{1}{8} - 4\dfrac{9}{14} =$

53 $7\dfrac{3}{5} - 3\dfrac{11}{12} =$

54 $6\dfrac{5}{21} - 1\dfrac{5}{9} =$

55 $5\dfrac{2}{13} - 2\dfrac{4}{5} =$

56 $8\dfrac{1}{3} - 5\dfrac{17}{22} =$

57 $7\dfrac{2}{17} - 2\dfrac{1}{4} =$

58 $5\dfrac{4}{35} - 1\dfrac{1}{2} =$

59 $6\dfrac{5}{24} - 2\dfrac{7}{9} =$

60 $4\dfrac{11}{15} - 2\dfrac{19}{25} =$

61 $9\dfrac{6}{19} - 1\dfrac{3}{4} =$

62 $6\dfrac{1}{6} - 3\dfrac{10}{13} =$

63 $4\dfrac{2}{7} - 1\dfrac{7}{12} =$

64 $4\dfrac{5}{12} - 2\dfrac{41}{42} =$

65 $7\dfrac{4}{17} - 4\dfrac{4}{5} =$

66 $7\dfrac{1}{8} - 1\dfrac{3}{11} =$

67 $4\dfrac{1}{10} - 2\dfrac{4}{9} =$

68 $6\dfrac{8}{13} - 4\dfrac{5}{7} =$

69 $5\dfrac{1}{4} - 3\dfrac{14}{23} =$

70 $8\dfrac{7}{12} - 4\dfrac{25}{32} =$

71 $9\dfrac{5}{12} - 4\dfrac{25}{27} =$

72 $6\dfrac{8}{15} - 1\dfrac{23}{24} =$

31 어떤 수 구하기

원리 덧셈식을 뺄셈식으로 나타내기

$$▲ + ● = ■ \rightarrow \left[\begin{array}{l} ● = ■ - ▲ \\ ▲ = ■ - ● \end{array} \right.$$

적용 덧셈식의 어떤 수(□) 구하기

$\cdot \dfrac{1}{3} + \square = \dfrac{3}{8}$ → $\square = \dfrac{3}{8} - \dfrac{1}{3} = \dfrac{1}{24}$

$\cdot \square + \dfrac{2}{5} = \dfrac{7}{10}$ → $\square = \dfrac{7}{10} - \dfrac{2}{5} = \dfrac{3}{10}$

원리 뺄셈식을 덧셈식으로 나타내기

$$▲ - ● = ■ \rightarrow \left[\begin{array}{l} ▲ = ● + ■ \\ ▲ = ■ + ● \end{array} \right.$$

적용 뺄셈식의 어떤 수(□) 구하기

$\cdot \dfrac{5}{7} - \square = \dfrac{1}{2}$ → $\dfrac{5}{7} = \dfrac{1}{2} + \square$

→ $\square = \dfrac{5}{7} - \dfrac{1}{2} = \dfrac{3}{14}$

$\cdot \square - \dfrac{1}{4} = \dfrac{1}{3}$ → $\square = \dfrac{1}{3} + \dfrac{1}{4} = \dfrac{7}{12}$

○ 어떤 수(□)를 구하려고 합니다. 빈칸에 알맞은 기약분수를 써넣으세요.

1 $\dfrac{1}{3} + \boxed{} = \dfrac{5}{6}$

$\dfrac{5}{6} - \dfrac{1}{3} = \boxed{}$

2 $1\dfrac{3}{4} + \boxed{} = 2\dfrac{5}{12}$

$2\dfrac{5}{12} - 1\dfrac{3}{4} = \boxed{}$

3 $\boxed{} + 2\dfrac{4}{7} = 6\dfrac{1}{14}$

$6\dfrac{1}{14} - 2\dfrac{4}{7} = \boxed{}$

4 $\boxed{} + 3\dfrac{1}{4} = 5\dfrac{13}{36}$

$5\dfrac{13}{36} - 3\dfrac{1}{4} = \boxed{}$

5 $4\dfrac{3}{4} - \boxed{} = 3\dfrac{2}{3}$

$4\dfrac{3}{4} - 3\dfrac{2}{3} = \boxed{}$

6 $\dfrac{5}{6} - \boxed{} = \dfrac{4}{9}$

$\dfrac{5}{6} - \dfrac{4}{9} = \boxed{}$

7 $5\dfrac{7}{10} - \boxed{} = 3\dfrac{19}{20}$

$5\dfrac{7}{10} - 3\dfrac{19}{20} = \boxed{}$

8 $\dfrac{2}{3} - \boxed{} = \dfrac{8}{21}$

$\dfrac{2}{3} - \dfrac{8}{21} = \boxed{}$

9 $7\dfrac{3}{8} - \boxed{} = 4\dfrac{1}{24}$

$7\dfrac{3}{8} - 4\dfrac{1}{24} = \boxed{}$

10 $\boxed{} - \dfrac{1}{10} = \dfrac{3}{4}$

$\dfrac{3}{4} + \dfrac{1}{10} = \boxed{}$

11 $\boxed{} - \dfrac{4}{7} = \dfrac{3}{4}$

$\dfrac{3}{4} + \dfrac{4}{7} = \boxed{}$

12 $\boxed{} - \dfrac{4}{5} = \dfrac{11}{30}$

$\dfrac{11}{30} + \dfrac{4}{5} = \boxed{}$

13 $\boxed{} - 2\dfrac{5}{18} = 2\dfrac{7}{12}$

$2\dfrac{7}{12} + 2\dfrac{5}{18} = \boxed{}$

14 $\boxed{} - 1\dfrac{7}{8} = 1\dfrac{29}{40}$

$1\dfrac{29}{40} + 1\dfrac{7}{8} = \boxed{}$

○ 어떤 수(□)를 구하려고 합니다. 빈칸에 알맞은 기약분수를 써넣으세요.

15 $\dfrac{1}{2} + \boxed{} = \dfrac{7}{10}$

16 $\dfrac{5}{6} + \boxed{} = 1\dfrac{7}{12}$

17 $1\dfrac{9}{14} + \boxed{} = 2\dfrac{1}{4}$

18 $1\dfrac{4}{15} + \boxed{} = 4\dfrac{7}{10}$

19 $\dfrac{2}{7} + \boxed{} = 1\dfrac{5}{42}$

20 $4\dfrac{3}{5} + \boxed{} = 6\dfrac{2}{45}$

21 $\boxed{} + 2\dfrac{4}{5} = 4\dfrac{2}{3}$

22 $\boxed{} + \dfrac{5}{6} = 1\dfrac{13}{18}$

23 $\boxed{} + \dfrac{7}{10} = \dfrac{19}{20}$

24 $\boxed{} + 3\dfrac{1}{7} = 4\dfrac{41}{42}$

25 $\boxed{} + \dfrac{11}{16} = 1\dfrac{7}{24}$

26 $\boxed{} + 4\dfrac{2}{3} = 8\dfrac{5}{48}$

27 $8\dfrac{1}{6} - \boxed{} = 5\dfrac{5}{12}$

28 $3\dfrac{9}{11} - \boxed{} = 1\dfrac{7}{22}$

29 $\dfrac{7}{8} - \boxed{} = \dfrac{11}{24}$

30 $2\dfrac{17}{24} - \boxed{} = 1\dfrac{1}{2}$

31 $6\dfrac{2}{7} - \boxed{} = 4\dfrac{15}{28}$

32 $\dfrac{1}{9} - \boxed{} = \dfrac{2}{45}$

33 $\boxed{} - \dfrac{1}{3} = \dfrac{3}{4}$

34 $\boxed{} - \dfrac{1}{6} = \dfrac{11}{15}$

35 $\boxed{} - 2\dfrac{5}{6} = 3\dfrac{2}{5}$

36 $\boxed{} - \dfrac{3}{10} = \dfrac{5}{8}$

37 $\boxed{} - 1\dfrac{6}{7} = 1\dfrac{1}{6}$

38 $\boxed{} - 1\dfrac{5}{9} = 1\dfrac{2}{5}$

32 계산 Plus+

분수의 뺄셈

○ 빈칸에 알맞은 기약분수를 써넣으세요.

1

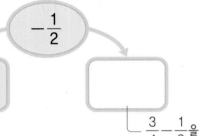

$\dfrac{3}{4}$ $\quad -\dfrac{1}{2}$

$\dfrac{3}{4} - \dfrac{1}{2}$을 계산해요.

2

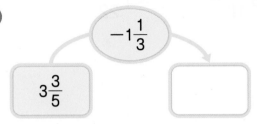

$\dfrac{8}{9}$ $\quad -\dfrac{2}{3}$

3

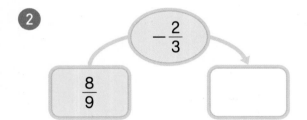

$\dfrac{3}{10}$ $\quad -\dfrac{1}{5}$

4

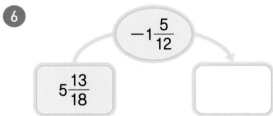

$\dfrac{11}{16}$ $\quad -\dfrac{7}{12}$

5

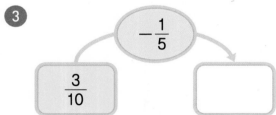

$3\dfrac{3}{5}$ $\quad -1\dfrac{1}{3}$

6

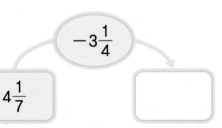

$5\dfrac{13}{18}$ $\quad -1\dfrac{5}{12}$

7

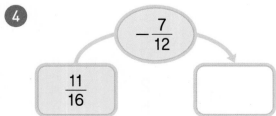

$4\dfrac{1}{7}$ $\quad -3\dfrac{1}{4}$

8

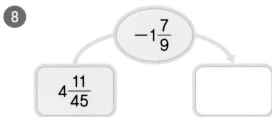

$4\dfrac{11}{45}$ $\quad -1\dfrac{7}{9}$

⑨ $\dfrac{7}{10}$ ➡ $-\dfrac{1}{2}$ ➡ ▢

$\dfrac{7}{10}-\dfrac{1}{2}$을 계산해요.

⑩ $\dfrac{14}{15}$ ➡ $-\dfrac{2}{5}$ ➡ ▢

⑪ $3\dfrac{3}{4}$ ➡ $-1\dfrac{7}{10}$ ➡ ▢

⑫ $5\dfrac{11}{12}$ ➡ $-2\dfrac{3}{8}$ ➡ ▢

⑬ $7\dfrac{9}{13}$ ➡ $-5\dfrac{1}{3}$ ➡ ▢

⑭ $4\dfrac{11}{15}$ ➡ $-1\dfrac{9}{20}$ ➡ ▢

⑮ $6\dfrac{2}{9}$ ➡ $-1\dfrac{5}{6}$ ➡ ▢

⑯ $9\dfrac{1}{3}$ ➡ $-4\dfrac{6}{7}$ ➡ ▢

⑰ $7\dfrac{3}{5}$ ➡ $-2\dfrac{7}{8}$ ➡ ▢

⑱ $8\dfrac{3}{10}$ ➡ $-1\dfrac{18}{25}$ ➡ ▢

○ 뺄셈 드론이 미로를 통과했을 때 빈칸에 알맞은 기약분수를 써넣으세요.

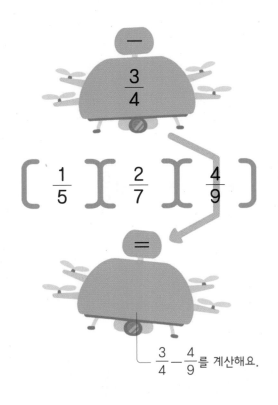

$$\frac{3}{4}$$

$$\left[\ \frac{1}{5}\ \right]\left[\ \frac{2}{7}\ \right]\left[\ \frac{4}{9}\ \right]$$

$$=$$

$\frac{3}{4}-\frac{4}{9}$ 를 계산해요.

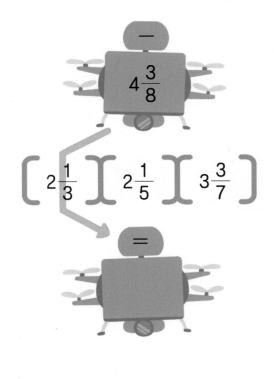

$$4\frac{3}{8}$$

$$\left[\ 2\frac{1}{3}\ \right]\left[\ 2\frac{1}{5}\ \right]\left[\ 3\frac{3}{7}\ \right]$$

$$=$$

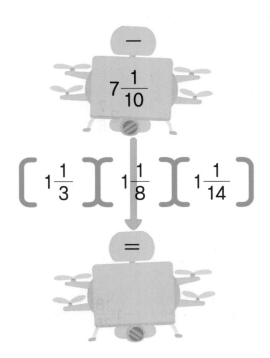

$$7\frac{1}{10}$$

$$\left[\ 1\frac{1}{3}\ \right]\left[\ 1\frac{1}{8}\ \right]\left[\ 1\frac{1}{14}\ \right]$$

$$=$$

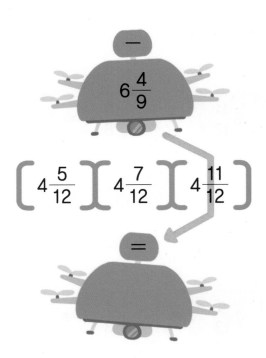

$$6\frac{4}{9}$$

$$\left[\ 4\frac{5}{12}\ \right]\left[\ 4\frac{7}{12}\ \right]\left[\ 4\frac{11}{12}\ \right]$$

$$=$$

○ **계산 결과가 2보다 작으면 파란색, 2보다 크면 빨간색을 칠해 보세요.**

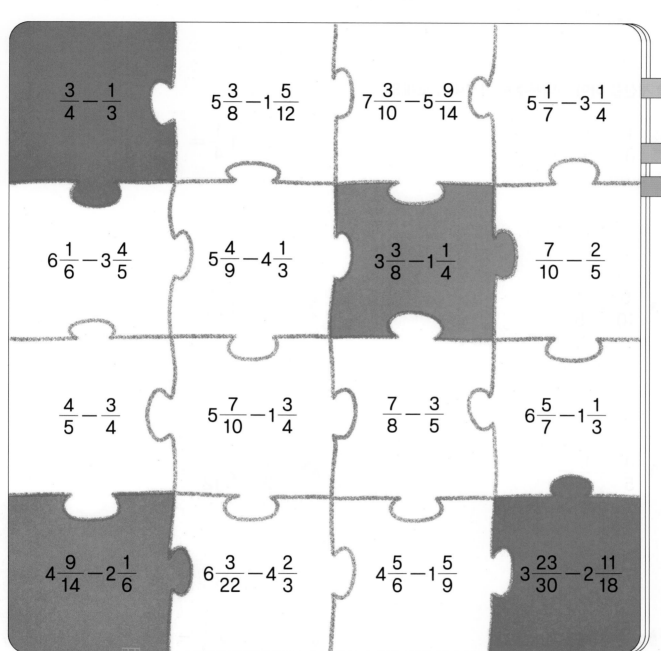

$\dfrac{3}{4} - \dfrac{1}{3}$ 　 $5\dfrac{3}{8} - 1\dfrac{5}{12}$ 　 $7\dfrac{3}{10} - 5\dfrac{9}{14}$ 　 $5\dfrac{1}{7} - 3\dfrac{1}{4}$

$6\dfrac{1}{6} - 3\dfrac{4}{5}$ 　 $5\dfrac{4}{9} - 4\dfrac{1}{3}$ 　 $3\dfrac{3}{8} - 1\dfrac{1}{4}$ 　 $\dfrac{7}{10} - \dfrac{2}{5}$

$\dfrac{4}{5} - \dfrac{3}{4}$ 　 $5\dfrac{7}{10} - 1\dfrac{3}{4}$ 　 $\dfrac{7}{8} - \dfrac{3}{5}$ 　 $6\dfrac{5}{7} - 1\dfrac{1}{3}$

$4\dfrac{9}{14} - 2\dfrac{1}{6}$ 　 $6\dfrac{3}{22} - 4\dfrac{2}{3}$ 　 $4\dfrac{5}{6} - 1\dfrac{5}{9}$ 　 $3\dfrac{23}{30} - 2\dfrac{11}{18}$

33 분수의 뺄셈 평가

○ 계산을 하여 기약분수로 나타내어 보세요.

1 $\dfrac{1}{3} - \dfrac{1}{6} =$

2 $\dfrac{9}{10} - \dfrac{1}{5} =$

3 $\dfrac{4}{5} - \dfrac{1}{4} =$

4 $\dfrac{9}{14} - \dfrac{5}{21} =$

5 $\dfrac{1}{2} - \dfrac{4}{25} =$

6 $4\dfrac{1}{2} - 1\dfrac{1}{4} =$

7 $2\dfrac{5}{6} - 1\dfrac{7}{12} =$

8 $7\dfrac{1}{9} - 2\dfrac{1}{12} =$

9 $6\dfrac{4}{15} - 4\dfrac{1}{9} =$

10 $4\dfrac{11}{18} - 3\dfrac{5}{27} =$

⑪ $5\dfrac{1}{2} - 2\dfrac{7}{8} =$

⑫ $4\dfrac{1}{3} - 2\dfrac{4}{5} =$

⑬ $6\dfrac{1}{8} - 3\dfrac{1}{3} =$

⑭ $9\dfrac{5}{7} - 2\dfrac{4}{5} =$

⑮ $2\dfrac{1}{10} - 1\dfrac{1}{8} =$

⑯ $5\dfrac{2}{5} - 1\dfrac{10}{11} =$

● 빈칸에 알맞은 기약분수를 써넣으세요.

⑰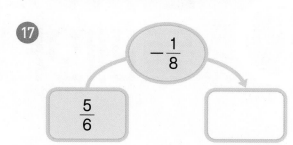

⑱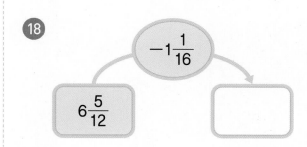

⑲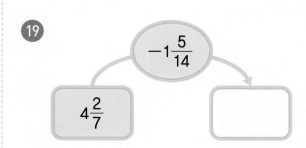

⑳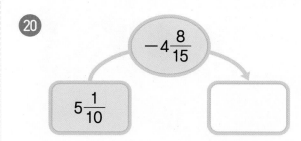

139

6 다각형의 둘레와 넓이

34 정다각형, 사각형의 둘레

(정다각형의 둘레) — 정다각형은 각 변의 길이가
= (한 변의 길이) × (변의 수)   모두 같습니다.

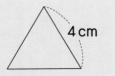

(정삼각형의 둘레)
= 4 × 3 = 12 (cm)

(직사각형의 둘레) = (가로 + 세로) × 2

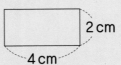

(직사각형의 둘레)
= (4 + 2) × 2 = 12 (cm)

(평행사변형의 둘레)
= (한 변의 길이 + 다른 한 변의 길이) × 2

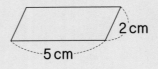

(평행사변형의 둘레)
= (5 + 2) × 2 = 14 (cm)

(마름모의 둘레) = (한 변의 길이) × 4

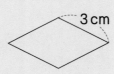

(마름모의 둘레)
= 3 × 4 = 12 (cm)

● 정다각형의 둘레는 몇 cm인지 구해 보세요.

① 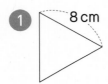 8 cm

(   )

③ 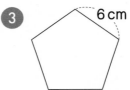 6 cm

(   )

②  9 cm

(   )

④ 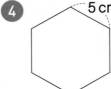 5 cm

(   )

○ 직사각형의 둘레는 몇 cm인지 구해 보세요.

5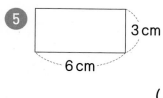
3 cm
6 cm

( )

6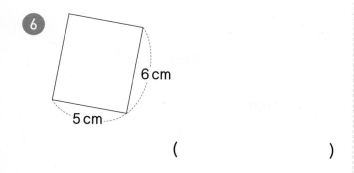
6 cm
5 cm

( )

7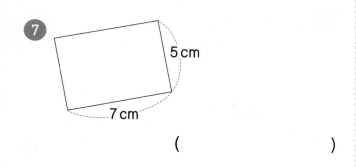
5 cm
7 cm

( )

8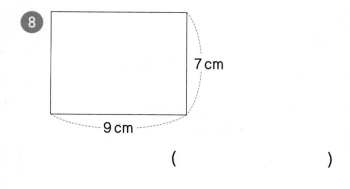
7 cm
9 cm

( )

9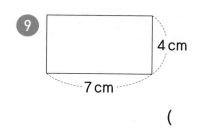
4 cm
7 cm

( )

10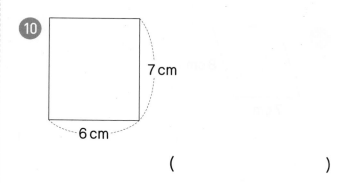
7 cm
6 cm

( )

11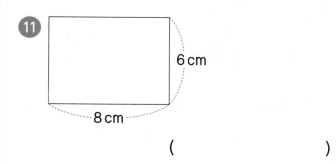
6 cm
8 cm

( )

12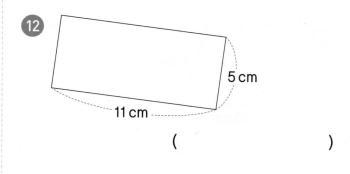
5 cm
11 cm

( )

143

○ 평행사변형의 둘레는 몇 cm인지 구해 보세요.

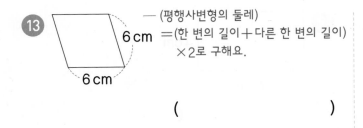

13 ─ (평행사변형의 둘레)
= (한 변의 길이 + 다른 한 변의 길이)
× 2로 구해요.

(   )

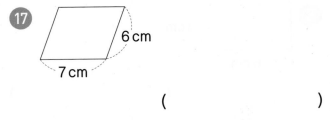

17

(   )

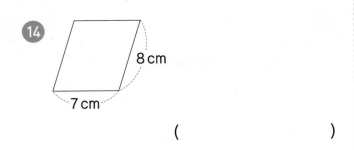

14

(   )

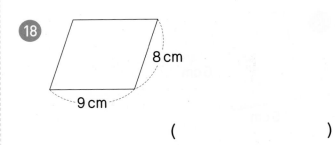

18

(   )

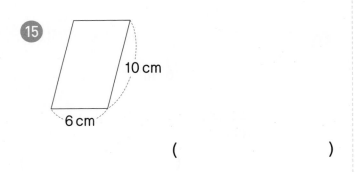

15

(   )

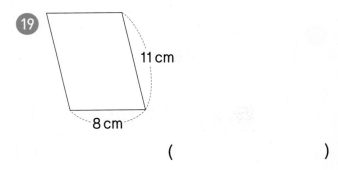

19

(   )

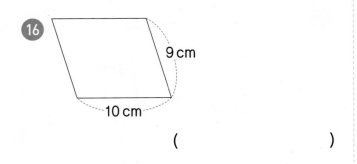

16

(   )

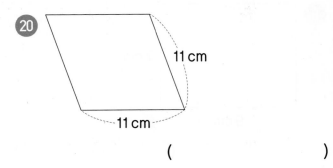

20

(   )

○ **마름모의 둘레는 몇 cm인지 구해 보세요.**

㉑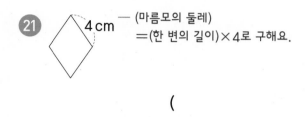
— (마름모의 둘레)
= (한 변의 길이)×4로 구해요.

(   )

㉕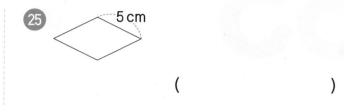

(   )

㉒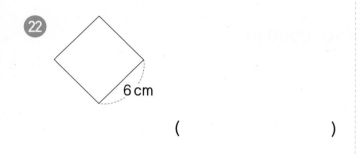

(   )

㉖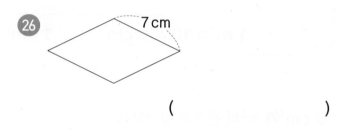

(   )

㉓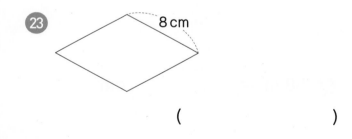

(   )

㉗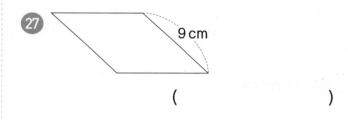

(   )

㉔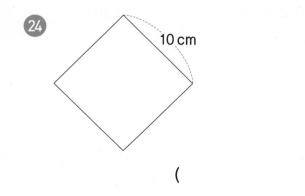

(   )

㉘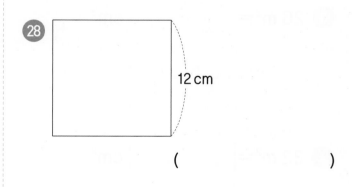

(   )

35 1 cm², 1 m², 1 km²의 관계

- **1 cm²(1 제곱센티미터)**: 한 변의 길이가 1 cm인 정사각형의 넓이
- **1 m²(1 제곱미터)**: 한 변의 길이가 1 m인 정사각형의 넓이
- **1 km²(1 제곱킬로미터)**: 한 변의 길이가 1 km인 정사각형의 넓이

$$1 \text{ m}^2 = 10000 \text{ cm}^2 \qquad 1 \text{ km}^2 = 1000000 \text{ m}^2$$

◉ cm²와 m²의 관계를 알아보세요.

1 3 m² = ☐ cm²

2 11 m² = ☐ cm²

3 26 m² = ☐ cm²

4 32 m² = ☐ cm²

5 45 m² = ☐ cm²

6 58 m² = ☐ cm²

7 0.4 m² = ☐ cm²

8 1.6 m² = ☐ cm²

⑨ 50000 cm² = [ ] m²

⑯ 590000 cm² = [ ] m²

⑩ 80000 cm² = [ ] m²

⑰ 620000 cm² = [ ] m²

⑪ 190000 cm² = [ ] m²

⑱ 770000 cm² = [ ] m²

⑫ 230000 cm² = [ ] m²

⑲ 2000 cm² = [ ] m²

⑬ 370000 cm² = [ ] m²

⑳ 15000 cm² = [ ] m²

⑭ 460000 cm² = [ ] m²

㉑ 52000 cm² = [ ] m²

⑮ 500000 cm² = [ ] m²

㉒ 89000 cm² = [ ] m²

● m²와 km²의 관계를 알아보세요.

㉓ 2 km² = [   ] m²
└─ 1 km²=1000000 m²임을 이용해요.

㉚ 63 km² = [   ] m²

㉔ 7 km² = [   ] m²

㉛ 70 km² = [   ] m²

㉕ 12 km² = [   ] m²

㉜ 84 km² = [   ] m²

㉖ 24 km² = [   ] m²

㉝ 3.4 km² = [   ] m²

㉗ 39 km² = [   ] m²

㉞ 5.1 km² = [   ] m²

㉘ 43 km² = [   ] m²

㉟ 1.25 km² = [   ] m²

㉙ 56 km² = [   ] m²

㊱ 4.06 km² = [   ] m²

37 6000000 m^2 = ☐ km^2

38 9000000 m^2 = ☐ km^2

39 13000000 m^2 = ☐ km^2

40 25000000 m^2 = ☐ km^2

41 30000000 m^2 = ☐ km^2

42 41000000 m^2 = ☐ km^2

43 55000000 m^2 = ☐ km^2

44 64000000 m^2 = ☐ km^2

45 87000000 m^2 = ☐ km^2

46 92000000 m^2 = ☐ km^2

47 800000 m^2 = ☐ km^2

48 2600000 m^2 = ☐ km^2

49 3800000 m^2 = ☐ km^2

50 4700000 m^2 = ☐ km^2

36 직사각형의 넓이

○ 직사각형의 넓이

(직사각형의 넓이)
＝(가로)×(세로)

3 cm
5 cm

(직사각형의 넓이)＝5×3＝15(cm²)

○ 정사각형의 넓이

(정사각형의 넓이)
＝(한 변의 길이)×(한 변의 길이)

4 cm
4 cm

(정사각형의 넓이)＝4×4＝16(cm²)

○ 직사각형의 넓이는 몇 cm²인지 구해 보세요.

1
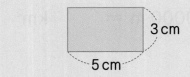
4 cm
5 cm

(   )

3
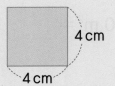
4 cm
8 cm

(   )

2
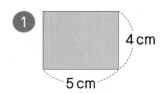
6 cm
4 cm

(   )

4
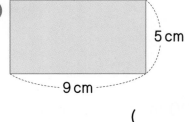
5 cm
9 cm

(   )

◯ **직사각형의 넓이는 몇 m²인지 구해 보세요.**

5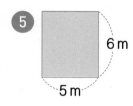
6 m
5 m

(　　　　　　)

9
7 m
6 m

(　　　　　　)

6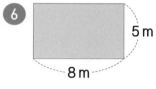
5 m
8 m

(　　　　　　)

10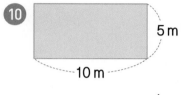
5 m
10 m

(　　　　　　)

7
7 m
8 m

(　　　　　　)

11
8 m
9 m

(　　　　　　)

8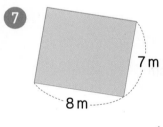
10 m
9 m

(　　　　　　)

12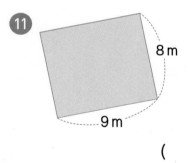
9 m
11 m

(　　　　　　)

○ 정사각형의 넓이는 몇 cm²인지 구해 보세요.

13
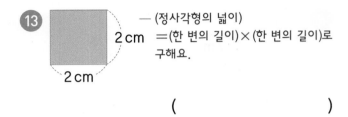
— (정사각형의 넓이)
＝(한 변의 길이)×(한 변의 길이)로 구해요.

(   )

17
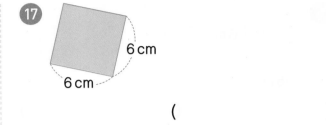

(   )

14
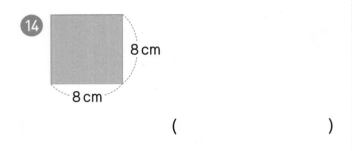

(   )

18
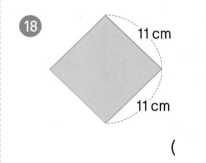

(   )

15
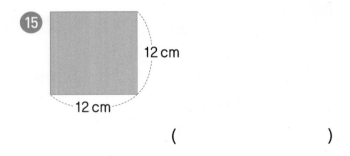

(   )

19
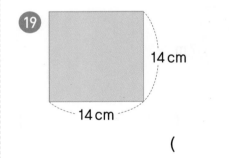

(   )

16
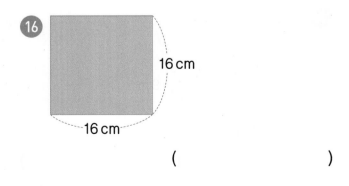

(   )

20
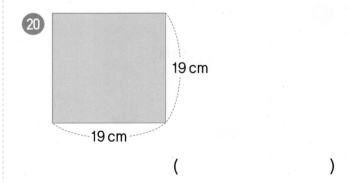

(   )

○ 정사각형의 넓이는 몇 m²인지 구해 보세요.

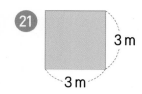

㉑ 3 m
   3 m

(   )

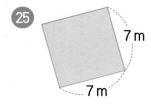

㉕ 7 m
   7 m

(   )

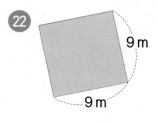

㉒ 9 m
   9 m

(   )

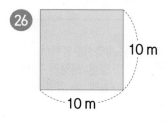

㉖ 10 m
   10 m

(   )

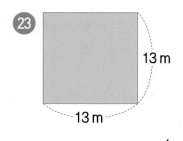

㉓ 13 m
   13 m

(   )

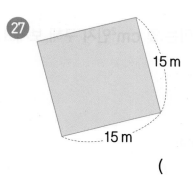

㉗ 15 m
   15 m

(   )

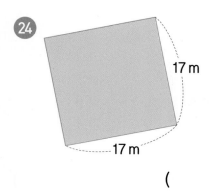

㉔ 17 m
   17 m

(   )

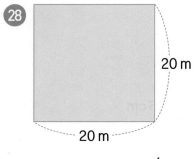

㉘ 20 m
   20 m

(   )

37 평행사변형, 삼각형의 넓이

○ **평행사변형의 넓이**

> (평행사변형의 넓이)
> =(밑변의 길이)×(높이)

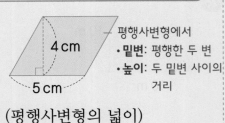

평행사변형에서
• **밑변**: 평행한 두 변
• **높이**: 두 밑변 사이의 거리

(평행사변형의 넓이)
=5×4=20(cm²)

○ **삼각형의 넓이**

> (삼각형의 넓이)
> =(밑변의 길이)×(높이)÷2

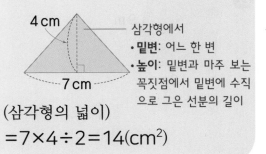

삼각형에서
• **밑변**: 어느 한 변
• **높이**: 밑변과 마주 보는 꼭짓점에서 밑변에 수직으로 그은 선분의 길이

(삼각형의 넓이)
=7×4÷2=14(cm²)

○ 평행사변형의 넓이는 몇 cm²인지 구해 보세요.

1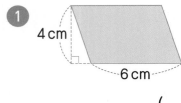
4 cm
6 cm

( )

3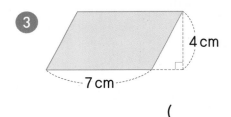
4 cm
7 cm

( )

2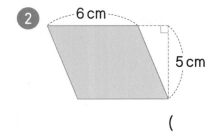
6 cm
5 cm

( )

4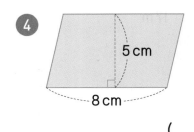
5 cm
8 cm

( )

○ 평행사변형의 넓이는 몇 m²인지 구해 보세요.

5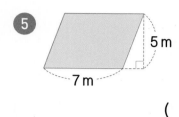

( )

6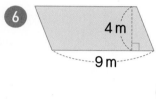

( )

7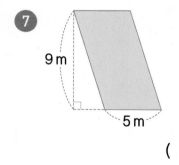

( )

8

( )

9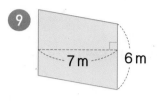

( )

10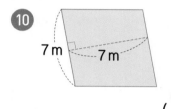

( )

11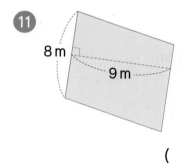

( )

12

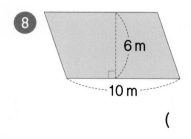

( )

○ 삼각형의 넓이는 몇 cm²인지 구해 보세요.

13

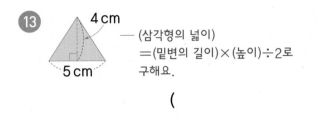

— (삼각형의 넓이)
＝(밑변의 길이)×(높이)÷2로
구해요.

(   )

14

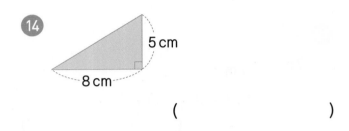

(   )

15

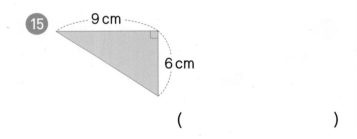

(   )

16

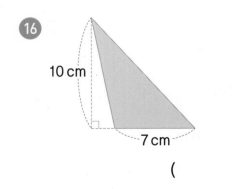

(   )

17

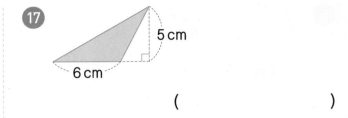

(   )

18

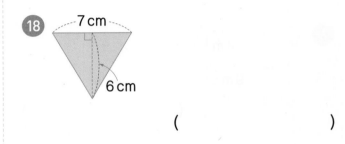

(   )

19

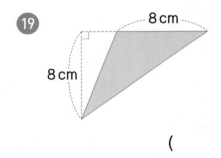

(   )

20

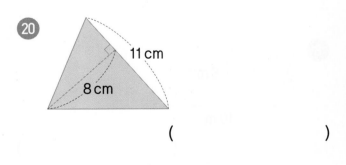

(   )

○ 삼각형의 넓이는 몇 m²인지 구해 보세요.

21
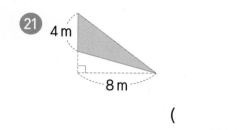

( )

25
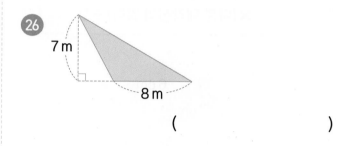

( )

22
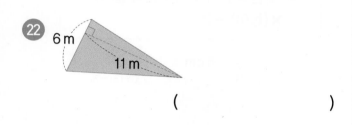

( )

26
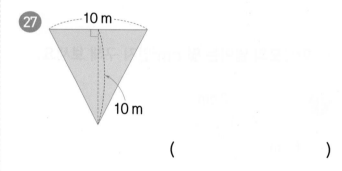

( )

23
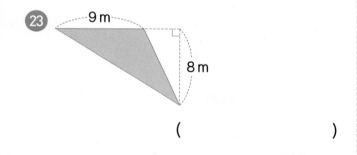

( )

27

( )

24
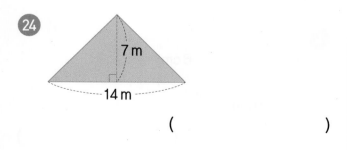

( )

28
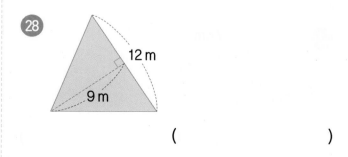

( )

마름모, 사다리꼴의 넓이

● 마름모의 넓이

(마름모의 넓이)
= (한 대각선의 길이)
  × (다른 대각선의 길이) ÷ 2

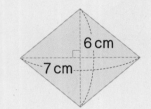

(마름모의 넓이)
$= 7 \times 6 \div 2 = 21(cm^2)$

● 사다리꼴의 넓이

(사다리꼴의 넓이)
= (윗변의 길이 + 아랫변의 길이)
  × (높이) ÷ 2

사다리꼴에서
• **밑변**: 평행한 두 변
  ┌ 윗변: 한 밑변
  └ 아랫변: 다른 밑변
• **높이**: 두 밑변 사이의
  거리

(사다리꼴의 넓이)
$= (5 + 6) \times 4 \div 2 = 22(cm^2)$

○ 마름모의 넓이는 몇 cm^2인지 구해 보세요.

❶
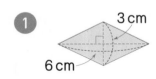

(   )

❸
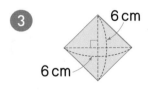

(   )

❷
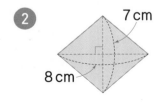

(   )

❹
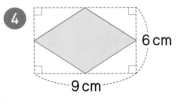

(   )

○ 마름모의 넓이는 몇 m²인지 구해 보세요.

5
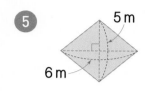
5 m
6 m

(　　　　　　)

9
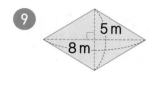
5 m
8 m

(　　　　　　)

6
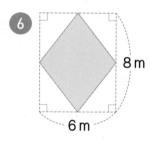
8 m
6 m

(　　　　　　)

10
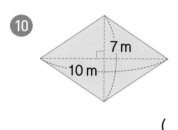
7 m
10 m

(　　　　　　)

7
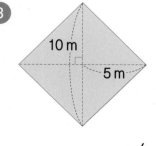
4 m
8 m

(　　　　　　)

11
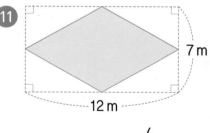
7 m
12 m

(　　　　　　)

8
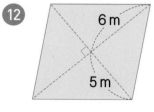
10 m
5 m

(　　　　　　)

12
6 m
5 m

(　　　　　　)

○ 사다리꼴의 넓이는 몇 cm²인지 구해 보세요.

13
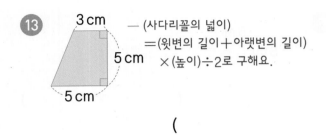

— (사다리꼴의 넓이)
 ＝(윗변의 길이＋아랫변의 길이)
　×(높이)÷2로 구해요.

(   )

17
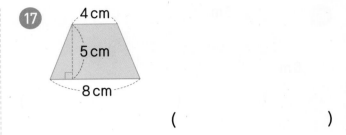

(   )

14
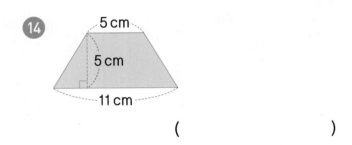

(   )

18
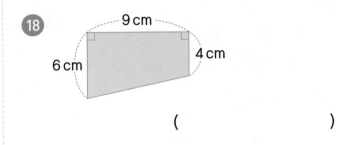

(   )

15
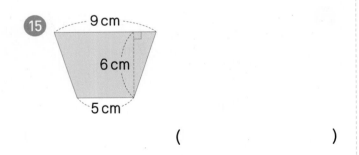

(   )

19
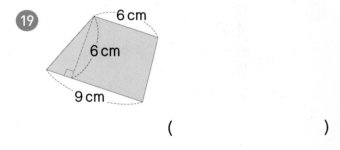

(   )

16
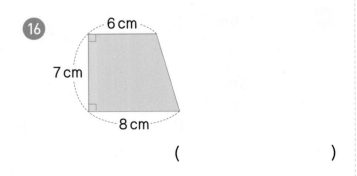

(   )

20
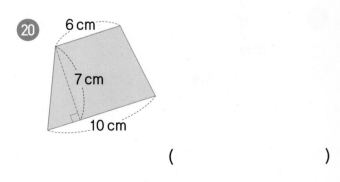

(   )

○ 사다리꼴의 넓이는 몇 m²인지 구해 보세요.

21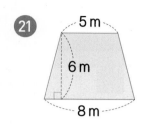

(   )

25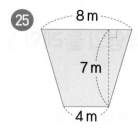

(   )

22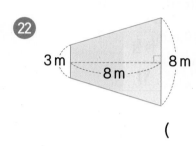

(   )

26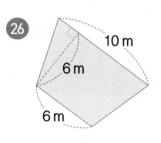

(   )

23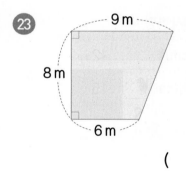

(   )

27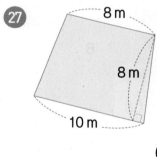

(   )

24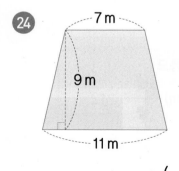

(   )

28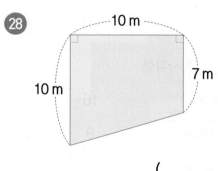

(   )

39

계산 Plus+

다각형의 둘레와 넓이

◉ 도형의 둘레는 몇 cm인지 구해 보세요.

1

정삼각형	
한 변의 길이(cm)	4
둘레(cm)	

4

평행사변형	
한 변의 길이(cm)	10
다른 한 변의 길이(cm)	7
둘레(cm)	

2

정육각형	
한 변의 길이(cm)	6
둘레(cm)	

5

평행사변형	
한 변의 길이(cm)	12
다른 한 변의 길이(cm)	15
둘레(cm)	

3

직사각형	
가로(cm)	16
세로(cm)	9
둘레(cm)	

6

마름모	
한 변의 길이(cm)	12
둘레(cm)	

◉ **도형의 넓이는 몇 cm²인지 구해 보세요.**

7

직사각형	
가로(cm)	7
세로(cm)	4
넓이(cm²)	

8

정사각형	
한 변의 길이(cm)	6
넓이(cm²)	

9

평행사변형	
밑변의 길이(cm)	10
높이(cm)	5
넓이(cm²)	

10

삼각형	
밑변의 길이(cm)	6
높이(cm)	10
넓이(cm²)	

11

삼각형	
밑변의 길이(cm)	13
높이(cm)	6
넓이(cm²)	

12

마름모	
한 대각선의 길이(cm)	8
다른 대각선의 길이(cm)	11
넓이(cm²)	

13

마름모	
한 대각선의 길이(cm)	9
다른 대각선의 길이(cm)	12
넓이(cm²)	

14

사다리꼴	
윗변의 길이(cm)	7
아랫변의 길이(cm)	4
높이(cm)	10
넓이(cm²)	

○ 넓이가 같은 것끼리 선으로 이어 보세요.

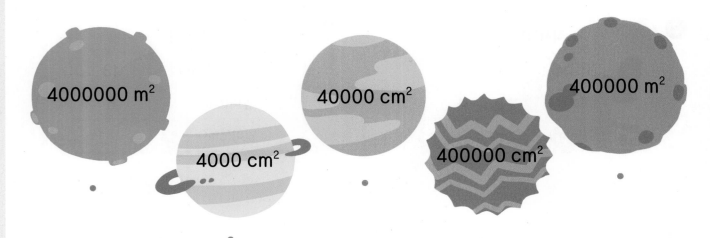

4000000 m²

4000 cm²

40000 cm²

400000 cm²

400000 m²

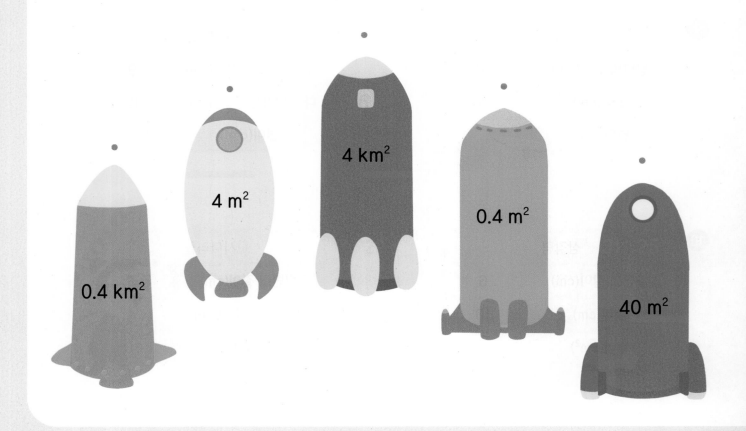

0.4 km²

4 m²

4 km²

0.4 m²

40 m²

진주가 놀이터에 가려고 합니다. 넓이를 바르게 구한 것을 따라가 보세요.

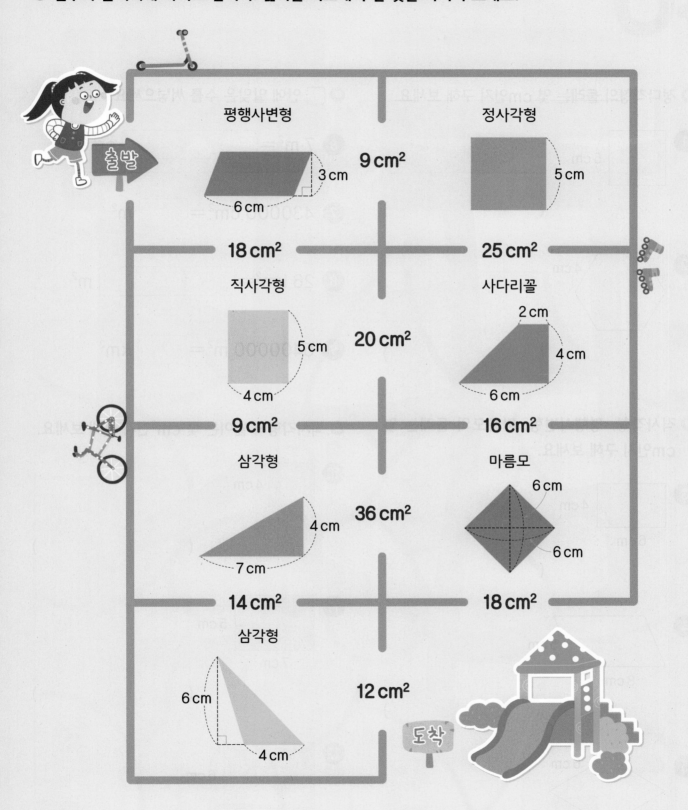

40 다각형의 둘레와 넓이 평가

◉ 정다각형의 둘레는 몇 cm인지 구해 보세요.

1
5 cm

(   )

2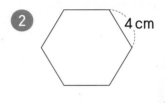
4 cm

(   )

◉ 직사각형, 평행사변형, 마름모의 둘레는 몇 cm인지 구해 보세요.

3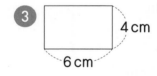
4 cm
6 cm

(   )

4
5 cm
8 cm

(   )

5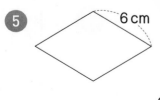
6 cm

(   )

◉ ☐ 안에 알맞은 수를 써넣으세요.

6 $7 \text{ m}^2 = $ ☐ cm^2

7 $430000 \text{ cm}^2 = $ ☐ m^2

8 $26 \text{ km}^2 = $ ☐ m^2

9 $5400000 \text{ m}^2 = $ ☐ km^2

◉ 직사각형의 넓이는 몇 cm^2인지 구해 보세요.

10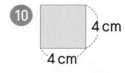
4 cm
4 cm

(   )

11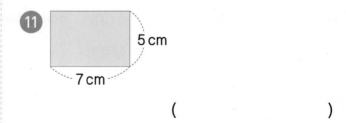
5 cm
7 cm

(   )

12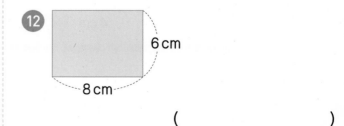
6 cm
8 cm

(   )

◉ 평행사변형의 넓이는 몇 cm²인지 구해 보세요.

⑬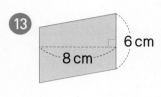
6 cm
8 cm

(　　　　　　　　)

⑭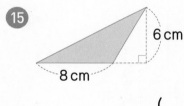
7 cm
9 cm

(　　　　　　　　)

◉ 삼각형의 넓이는 몇 cm²인지 구해 보세요.

⑮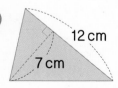
6 cm
8 cm

(　　　　　　　　)

⑯
12 cm
7 cm

(　　　　　　　　)

◉ 마름모의 넓이는 몇 m²인지 구해 보세요.

⑰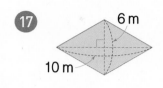
6 m
10 m

(　　　　　　　　)

⑱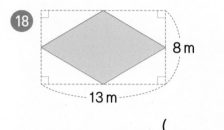
8 m
13 m

(　　　　　　　　)

◉ 사다리꼴의 넓이는 몇 m²인지 구해 보세요.

⑲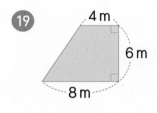
4 m
6 m
8 m

(　　　　　　　　)

⑳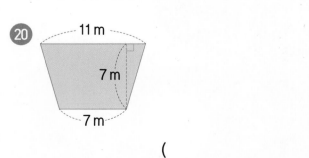
11 m
7 m
7 m

(　　　　　　　　)

실력평가

○ **계산해 보세요. [1 ~ 2]**

1 $32 - (19 + 9) =$

2 $54 - 23 \times 2 + 11 =$

3 16의 약수를 모두 구해 보세요.

( )

4 8의 배수를 가장 작은 수부터 4개 구해 보세요.

( )

5 12와 28의 공약수와 최대공약수를 구해 보세요.

공약수	
최대공약수	

6 6과 15의 최대공약수와 최소공배수를 구해 보세요.

최대공약수	
최소공배수	

7 약분한 분수를 모두 써 보세요.

$\dfrac{18}{72}$ ⇨ ( )

8 기약분수로 나타내어 보세요.

$\dfrac{28}{63}$ ⇨ ( )

9 분수를 통분해 보세요.

$\left(\dfrac{7}{9}, \dfrac{5}{12} \right)$ ⇨ $\left(\quad , \quad \right)$

○ 두 수의 크기를 비교하여 ◯ 안에 >, =, < 를 알맞게 써넣으세요. [10 ~ 11]

10 $\dfrac{5}{8}$ ◯ $\dfrac{4}{9}$

11 $1\dfrac{3}{5}$ ◯ 1.8

○ 계산해 보세요. [12 ~ 15]

12 $\dfrac{2}{17} + \dfrac{3}{4} =$

13 $3\dfrac{2}{5} + 2\dfrac{4}{15} =$

14 $\dfrac{8}{27} - \dfrac{5}{18} =$

15 $3\dfrac{13}{18} - 1\dfrac{4}{9} =$

16 ☐ 안에 알맞은 수를 써넣으세요.

$5 \text{ m}^2 = $ ☐ cm^2

○ 도형의 둘레는 몇 cm인지 구해 보세요. [17 ~ 18]

17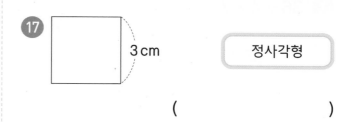

정사각형

(   )

18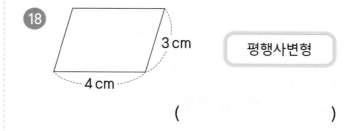

평행사변형

(   )

○ 도형의 넓이는 몇 cm²인지 구해 보세요. [19 ~ 20]

19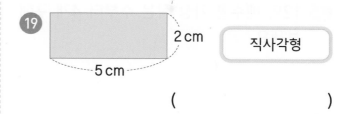

직사각형

(   )

20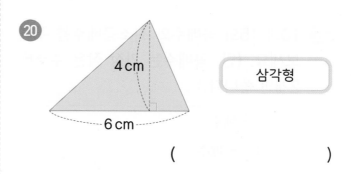

삼각형

(   )

○ 계산해 보세요. [①~②]

① $36 \div 4 \times 7 =$

② $56 \div (9+5) \times 4 - 6 =$

③ 32의 약수를 모두 구해 보세요.

( )

④ 12의 배수를 가장 작은 수부터 4개 구해 보세요.

( )

⑤ 10과 15의 공배수와 최소공배수를 구해 보세요. (단, 공배수는 가장 작은 수부터 2개만 씁니다.)

공배수	
최소공배수	

⑥ 16과 36의 최대공약수와 최소공배수를 구해 보세요.

최대공약수	
최소공배수	

⑦ 크기가 같은 분수를 3개 써 보세요.

$\dfrac{14}{56}$ ⇨ ( )

⑧ 기약분수로 나타내어 보세요.

$\dfrac{30}{72}$ ⇨ ( )

⑨ 분수를 통분해 보세요.

$\left(\dfrac{11}{28}, \dfrac{4}{21} \right)$ ⇨ (,)

◎ 두 수의 크기를 비교하여 ◯ 안에 >, =, <를 알맞게 써넣으세요. [⑩ ~ ⑪]

⑩ $2\dfrac{3}{16}$ ◯ $2\dfrac{11}{32}$

⑪ $2\dfrac{19}{25}$ ◯ 2.73

◎ 계산해 보세요. [⑫ ~ ⑮]

⑫ $\dfrac{9}{14} + \dfrac{5}{6} =$

⑬ $1\dfrac{5}{8} + 3\dfrac{7}{12} =$

⑭ $\dfrac{13}{25} - \dfrac{2}{5} =$

⑮ $12\dfrac{4}{15} - 7\dfrac{1}{6} =$

⑯ ☐ 안에 알맞은 수를 써넣으세요.

$15 \text{ km}^2 =$ ☐ m^2

◎ 도형의 둘레는 몇 cm인지 구해 보세요.
[⑰ ~ ⑱]

⑰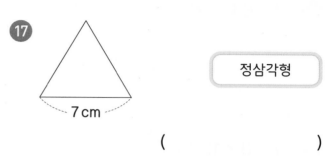

정삼각형

(   )

⑱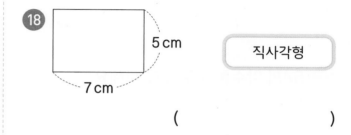

직사각형

(   )

◎ 도형의 넓이는 몇 m^2인지 구해 보세요.
[⑲ ~ ⑳]

⑲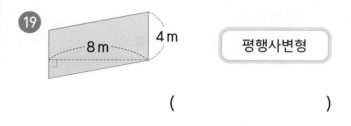

평행사변형

(   )

⑳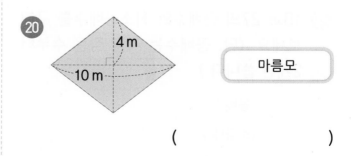

마름모

(   )

◯ 계산해 보세요. [①~②]

① $14+64 \div (23-7) =$

② $77-8 \times 12 \div 3+9 =$

③ 54의 약수를 모두 구해 보세요.

(   )

④ 32의 배수를 가장 작은 수부터 4개 구해 보세요.

(   )

⑤ 18과 27의 공배수와 최소공배수를 구해 보세요. (단, 공배수는 가장 작은 수부터 2개만 씁니다.)

공배수	
최소공배수	

⑥ 24와 84의 최대공약수와 최소공배수를 구해 보세요.

최대공약수	
최소공배수	

⑦ 크기가 같은 분수를 3개 써 보세요.

$\dfrac{6}{27}$ ⇨ (   )

⑧ 기약분수로 나타내어 보세요.

$\dfrac{24}{87}$ ⇨ (   )

⑨ 분수를 통분해 보세요.

$\left(\dfrac{13}{32}, \dfrac{5}{12} \right)$ ⇨ $\left(\qquad , \qquad \right)$

○ 두 수의 크기를 비교하여 ◯ 안에 >, =, < 를 알맞게 써넣으세요. [⑩ ~ ⑪]

⑩ $2\frac{8}{21}$ ◯ $2\frac{5}{14}$

⑪ $2\frac{5}{8}$ ◯ 2.79

○ 계산해 보세요. [⑫ ~ ⑮]

⑫ $\frac{31}{52} + \frac{19}{26} =$

⑬ $4\frac{13}{20} + 2\frac{9}{16} =$

⑭ $\frac{18}{35} - \frac{3}{10} =$

⑮ $5\frac{9}{25} - 2\frac{11}{15} =$

⑯ ☐ 안에 알맞은 수를 써넣으세요.

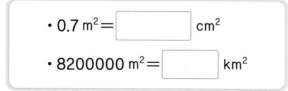

- 0.7 m² = ☐ cm²

- 8200000 m² = ☐ km²

○ 도형의 둘레는 몇 cm인지 구해 보세요.

[⑰ ~ ⑱]

⑰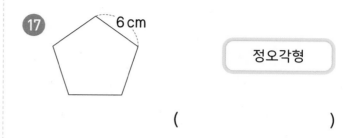

6 cm

정오각형

( )

⑱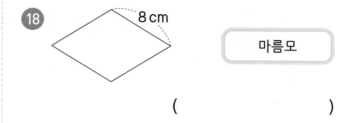

8 cm

마름모

( )

○ 도형의 넓이는 몇 cm²인지 구해 보세요.

[⑲ ~ ⑳]

⑲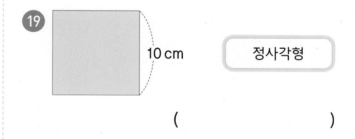

10 cm

정사각형

( )

⑳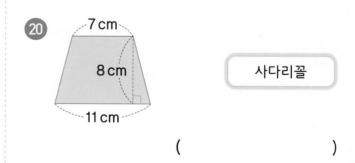

7 cm

8 cm

11 cm

사다리꼴

( )

memo

정답
QR 코드

완자

공부력

정답

계
산
×

초등 수학

5A

5학년

visang

ABOVE IMAGINATION

우리는 남다른 상상과 혁신으로
교육 문화의 새로운 전형을 만들어
모든 이의 행복한 경험과 성장에 기여한다

완자 공부력

초등 수학 계산 5A

정답

완자 공부력 가이드

완자 공부력 시리즈는
앞으로도 계속 출간될 예정입니다.

국어 맞춤법 바로 쓰기
1~2학년용
4책

쓰기력

전과목 어휘
1~6학년용
12책

전과목 한자 어휘
1~6학년용
12책

영어 파닉스
1~2학년용
2책

영어 영단어
3~6학년용
8책

어휘력

국어 독해
1~6학년용
12책

한국사 독해
인물편
3~6학년용
4책

한국사 독해
시대편
3~6학년용
4책

독해력

수학 계산
1~6학년용
12책

계산력

완자 공부력 시리즈로 공부 근육을 키워요!

매일 성장하는
초등 자기개발서
ⓦ 완자
공부력

학습의 기초가 되는 읽기, 쓰기, 셈하기와 관련된
공부력을 키워야 여러 교과를 터득하기 쉬워집니다.
또한 어휘력과 독해력, 쓰기력, 계산력을 바탕으로 한
'공부력'은 자기주도 학습으로 상당한 단계까지 올라갈 수
있는 밑바탕이 되어 줍니다. 그래서 매일 꾸준한 학습이
가능한 '**완자 공부력 시리즈**'로 공부하면 자기주도학습이
가능한 튼튼한 공부 근육을 키울 수 있을 것이라 확신합니다.

효과적인 공부력 강화 계획을 세워요!

○ 학년별 공부 계획
내 학년에 맞게 꾸준하게 공부 계획을 세워요!

		1-2학년	3-4학년	5-6학년
기본	독해	국어 독해 1A 1B 2A 2B	국어 독해 3A 3B 4A 4B	국어 독해 5A 5B 6A 6B
	계산	수학 계산 1A 1B 2A 2B	수학 계산 3A 3B 4A 4B	수학 계산 5A 5B 6A 6B
	어휘	전과목 어휘 1A 1B 2A 2B	전과목 어휘 3A 3B 4A 4B	전과목 어휘 5A 5B 6A 6B
		파닉스 1 2	영단어 3A 3B 4A 4B	영단어 5A 5B 6A 6B
확장	어휘	전과목 한자 어휘 1A 1B 2A 2B	전과목 한자 어휘 3A 3B 4A 4B	전과목 한자 어휘 5A 5B 6A 6B
	쓰기	맞춤법 바로 쓰기 1A 1B 2A 2B		
	독해		한국사 독해 인물편 1 2 3 4	
			한국사 독해 시대편 1 2 3 4	

◎ 시기별 공부 계획

학기 중에는 **기본**, 방학 중에는 **기본 + 확장**으로 공부 계획을 세워요!

방학 중			
학기 중			
기본			**확장**
독해	계산	어휘	어휘, 쓰기, 독해
국어 독해	수학 계산	전과목 어휘	전과목 한자 어휘
		파닉스(1~2학년) 영단어(3~6학년)	맞춤법 바로 쓰기(1~2학년) 한국사 독해(3~6학년)

예시 **초1 학기 중 공부 계획표** 주 5일 하루 3과목 (45분)

월	화	수	목	금
국어 독해	국어 독해	국어 독해	국어 독해	국어 독해
수학 계산	수학 계산	수학 계산	수학 계산	수학 계산
전과목 어휘	파닉스	전과목 어휘	전과목 어휘	파닉스

예시 **초4 방학 중 공부 계획표** 주 5일 하루 4과목 (60분)

월	화	수	목	금
국어 독해	국어 독해	국어 독해	국어 독해	국어 독해
수학 계산	수학 계산	수학 계산	수학 계산	수학 계산
전과목 어휘	영단어	전과목 어휘	전과목 어휘	영단어
한국사 독해 인물편	전과목 한자 어휘	한국사 독해 인물편	전과목 한자 어휘	한국사 독해 인물편

1 자연수의 혼합 계산

01 덧셈과 뺄셈이 섞여 있는 식의 계산

10쪽

❶ 22
❷ 26
❸ 25
❹ 73

❺ 8
❻ 53
❼ 52
❽ 42

11쪽

❾ 38
❿ 24
⓫ 26
⓬ 52
⓭ 42
⓮ 62
⓯ 59

⓰ 55
⓱ 37
⓲ 39
⓳ 29
⓴ 35
㉑ 81
㉒ 50

12쪽

㉓ 6
㉔ 9
㉕ 16
㉖ 29
㉗ 28
㉘ 19
㉙ 15

㉚ 19
㉛ 4
㉜ 19
㉝ 26
㉞ 35
㉟ 47
㊱ 56

13쪽

㊲ 41
㊳ 38
㊴ 92
㊵ 8
㊶ 28
㊷ 35
㊸ 83

㊹ 58
㊺ 9
㊻ 87
㊼ 41
㊽ 26
㊾ 17
㊿ 92

02 곱셈과 나눗셈이 섞여 있는 식의 계산

14쪽

❶ 6
❷ 24
❸ 18
❹ 54

❺ 18
❻ 33
❼ 105
❽ 20

15쪽

❾ 28
❿ 48
⓫ 20
⓬ 42
⓭ 40
⓮ 36
⓯ 34

⓰ 72
⓱ 16
⓲ 55
⓳ 91
⓴ 46
㉑ 20
㉒ 54

16쪽

㉓ 5
㉔ 3
㉕ 7
㉖ 2
㉗ 3
㉘ 2
㉙ 6
㉚ 4
㉛ 2
㉜ 3
㉝ 5
㉞ 7
㉟ 3
㊱ 13

17쪽

㊲ 2
㊳ 28
㊴ 35
㊵ 12
㊶ 45
㊷ 5
㊸ 3
㊹ 21
㊺ 36
㊻ 21
㊼ 32
㊽ 3
㊾ 2
㊿ 23

03 계산 Plus+ 자연수의 혼합 계산 (1)

18쪽

❶ ○
❷ ○
❸ ○
❹ ×
❺ ○
❻ ×
❼ ○
❽ ×

19쪽

❾ 24, 8
❿ 38, 20
⓫ 83, 47
⓬ 42, 68
⓭ 15, 89
⓮ 8, 2
⓯ 36, 9
⓰ 13, 52
⓱ 33, 132
⓲ 250, 10

20쪽

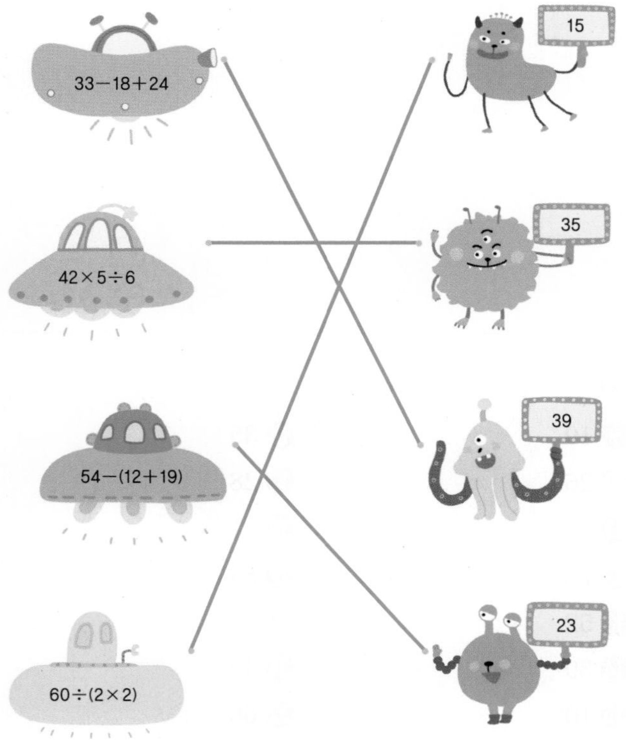

21쪽

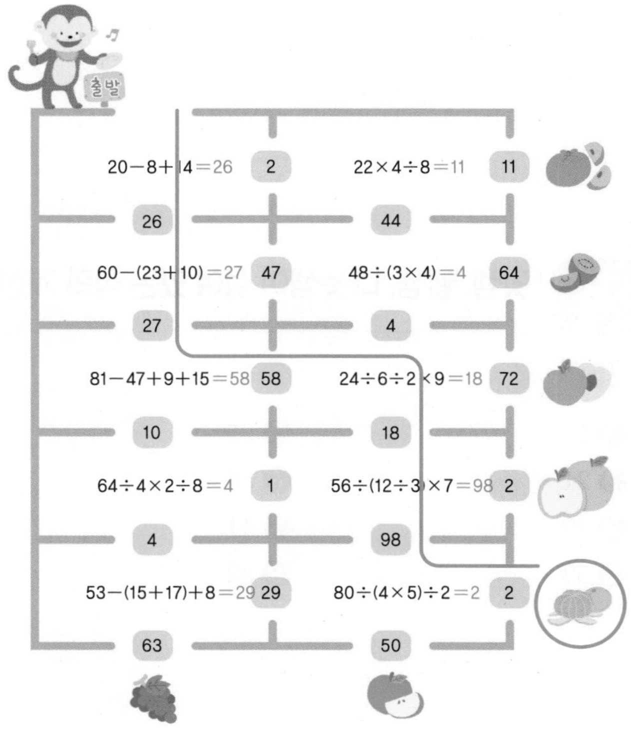

04 덧셈, 뺄셈, 곱셈이 섞여 있는 식의 계산

22쪽

❶ 33
❷ 42
❸ 56
❹ 26

❺ 18
❻ 27
❼ 52
❽ 180

23쪽

❾ 10
❿ 41
⓫ 84
⓬ 41
⓭ 123
⓮ 21
⓯ 43

⓰ 13
⓱ 61
⓲ 51
⓳ 89
⓴ 39
㉑ 145
㉒ 96

24쪽

㉓ 80
㉔ 240
㉕ 520
㉖ 232
㉗ 729
㉘ 625
㉙ 300

㉚ 69
㉛ 63
㉜ 116
㉝ 501
㉞ 412
㉟ 589
㊱ 49

25쪽

㊲ 58
㊳ 128
㊴ 408
㊵ 135
㊶ 45
㊷ 220
㊸ 222

㊹ 80
㊺ 63
㊻ 505
㊼ 113
㊽ 32
㊾ 781
㊿ 24

05 덧셈, 뺄셈, 나눗셈이 섞여 있는 식의 계산

26쪽

❶ 1
❷ 21
❸ 29
❹ 52

❺ 25
❻ 36
❼ 41
❽ 32

27쪽

❾ 19
❿ 26
⓫ 24
⓬ 72
⓭ 52
⓮ 39
⓯ 107

⓰ 35
⓱ 28
⓲ 71
⓳ 84
⓴ 39
㉑ 42
㉒ 66

28쪽

㉓ 2
㉔ 12
㉕ 8
㉖ 16
㉗ 6
㉘ 12
㉙ 8
㉚ 21
㉛ 32
㉜ 58
㉝ 16
㉞ 9
㉟ 58
㊱ 47

29쪽

㊲ 34
㊳ 29
㊴ 70
㊵ 3
㊶ 9
㊷ 8
㊸ 40
㊹ 2
㊺ 52
㊻ 65
㊼ 71
㊽ 5
㊾ 110
㊿ 4

06 덧셈, 뺄셈, 곱셈, 나눗셈이 섞여 있는 식의 계산

30쪽

① 62
② 15
③ 38
④ 19
⑤ 93
⑥ 15
⑦ 79
⑧ 38

31쪽

⑨ 31
⑩ 142
⑪ 41
⑫ 32
⑬ 40
⑭ 77
⑮ 98
⑯ 17
⑰ 55
⑱ 126
⑲ 110
⑳ 44
㉑ 60
㉒ 50

32쪽

㉓ 33
㉔ 53
㉕ 41
㉖ 98
㉗ 1
㉘ 286
㉙ 15
㉚ 4
㉛ 31
㉜ 50
㉝ 678
㉞ 66
㉟ 17
㊱ 78

33쪽

㊲ 24
㊳ 40
㊴ 20
㊵ 4
㊶ 171
㊷ 96
㊸ 200
㊹ 15
㊺ 32
㊻ 57
㊼ 85
㊽ 119
㊾ 73
㊿ 84

1 자연수의 혼합 계산

❼ 계산 Plus+ 자연수의 혼합 계산 (2)

34쪽

❶ ○   ❺ ○
❷ ×   ❻ ×
❸ ○   ❼ ○
❹ ○   ❽ ○

35쪽

❾ 50, 162   ⑭ 57, 52
➓ 102, 70   ⑮ 46, 24
⓫ 48, 6   ⑯ 94, 253
⓬ 12, 2   ⑰ 64, 22
⓭ 10, 2   ⑱ 75, 13

36쪽

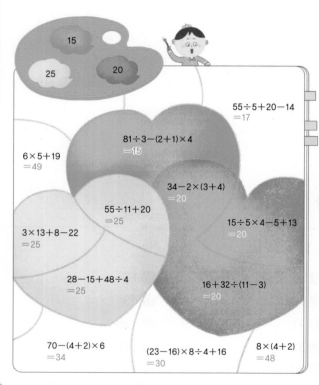

15

25   20

$55 \div 5 + 20 - 14 = 17$

$81 \div 3 - (2+1) \times 4 = 15$

$6 \times 5 + 19 = 49$

$34 - 2 \times (3+4) = 20$

$55 \div 11 + 20 = 25$

$15 \div 5 \times 4 - 5 + 13 = 20$

$3 \times 13 + 8 - 22 = 25$

$28 - 15 + 48 \div 4 = 25$

$16 + 32 \div (11 - 3) = 20$

$70 - (4+2) \times 6 = 34$

$(23-16) \times 8 \div 4 + 16 = 30$

$8 \times (4+2) = 48$

37쪽

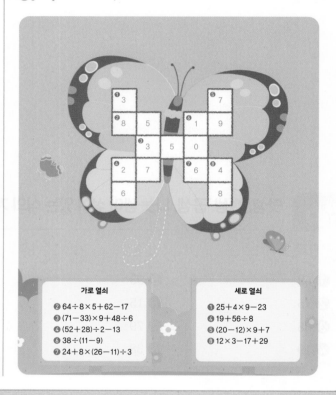

가로 열쇠
❷ $64 \div 8 \times 5 + 62 - 17$
❸ $(71-33) \times 9 + 48 \div 6$
❹ $(52+28) \div 2 - 13$
❻ $38 \div (11-9)$
❼ $24 + 8 \times (26-11) \div 3$

세로 열쇠
❶ $25 + 4 \times 9 - 23$
❹ $19 + 56 \div 8$
❺ $(20-12) \times 9 + 7$
❽ $12 \times 3 - 17 + 29$

❽ 자연수의 혼합 계산 평가

38쪽

❶ 41   ❻ 35
❷ 3   ❼ 129
❸ 41   ❽ 31
❹ 21   ❾ 20
❺ 7   ➓ 85

39쪽

⓫ 16   ⑰ 31, 3
⓬ 44   ⑱ 81, 9
⓭ 69   ⑲ 33, 3
⑭ 71   ⑳ 97, 19
⑮ 82
⑯ 11

2 약수와 배수

09 약수, 배수

42쪽 ❶정답을 위에서부터 확인합니다.

① 1, 3 / 1, 3
② 1, 2, 3, 6 / 1, 2, 3, 6
③ 1, 7 / 1, 7
④ 1, 2, 4, 8 / 1, 2, 4, 8

43쪽

⑤ 2, 4, 6, 8 / 2, 4, 6, 8
⑥ 5, 10, 15, 20 / 5, 10, 15, 20
⑦ 8, 16, 24, 32 / 8, 16, 24, 32
⑧ 9, 18, 27, 36 / 9, 18, 27, 36
⑨ 10, 20, 30, 40 / 10, 20, 30, 40
⑩ 12, 24, 36, 48 / 12, 24, 36, 48
⑪ 13, 26, 39, 52 / 13, 26, 39, 52
⑫ 15, 30, 45, 60 / 15, 30, 45, 60

44쪽

⑬ 1, 2, 5, 10
⑭ 1, 2, 7, 14
⑮ 1, 2, 3, 6, 9, 18
⑯ 1, 3, 7, 21
⑰ 1, 5, 25
⑱ 1, 3, 9, 27
⑲ 1, 2, 3, 5, 6, 10, 15, 30
⑳ 1, 5, 7, 35
㉑ 1, 2, 3, 4, 6, 9, 12, 18, 36
㉒ 1, 2, 3, 6, 7, 14, 21, 42
㉓ 1, 2, 4, 11, 22, 44
㉔ 1, 2, 4, 7, 8, 14, 28, 56

45쪽

㉕ 3, 6, 9, 12
㉖ 7, 14, 21, 28
㉗ 11, 22, 33, 44
㉘ 14, 28, 42, 56
㉙ 18, 36, 54, 72
㉚ 20, 40, 60, 80
㉛ 24, 48, 72, 96
㉜ 26, 52, 78, 104
㉝ 33, 66, 99, 132
㉞ 38, 76, 114, 152
㉟ 45, 90, 135, 180
㊱ 48, 96, 144, 192

10 공약수, 최대공약수

46쪽

① 1, 3, 9 / 9
② 1, 2 / 2
③ 1, 5 / 5
④ 1, 7 / 7

47쪽

⑤ 1, 3, 5, 15 / 1, 5, 25 / 1, 5 / 5
⑥ 1, 2, 4, 8, 16 / 1, 2, 4, 7, 14, 28 / 1, 2, 4 / 4
⑦ 1, 2, 3, 4, 6, 8, 12, 24 / 1, 2, 4, 8, 16, 32 / 1, 2, 4, 8 / 8
⑧ 1, 2, 3, 5, 6, 10, 15, 30 / 1, 3, 5, 9, 15, 45 / 1, 3, 5, 15 / 15
⑨ 1, 2, 3, 4, 6, 9, 12, 18, 36 / 1, 2, 3, 6, 9, 18, 27, 54 / 1, 2, 3, 6, 9, 18 / 18
⑩ 1, 2, 4, 5, 8, 10, 20, 40 / 1, 2, 4, 13, 26, 52 / 1, 2, 4 / 4

48쪽

⑪ 1, 2, 4, 5, 10, 20 / 1, 2, 3, 4, 6, 8, 12, 24 / 1, 2, 4 / 4

⑫ 1, 3, 9, 27 / 1, 2, 3, 4, 6, 9, 12, 18, 36 / 1, 3, 9 / 9

⑬ 1, 5, 7, 35 / 1, 7, 49 / 1, 7 / 7

⑭ 1, 2, 4, 5, 8, 10, 20, 40 / 1, 2, 3, 6, 9, 18 / 1, 2 / 2

⑮ 1, 2, 3, 4, 6, 8, 12, 16, 24, 48 / 1, 2, 4, 7, 14, 28 / 1, 2, 4 / 4

⑯ 1, 2, 3, 6, 9, 18, 27, 54 / 1, 2, 3, 5, 6, 10, 15, 30 / 1, 2, 3, 6 / 6

49쪽

⑰ 1, 3, 7, 21 / 1, 3, 7, 9, 21, 63 / 1, 3, 7, 21 / 21

⑱ 1, 2, 4, 8, 16, 32 / 1, 2, 4, 7, 8, 14, 28, 56 / 1, 2, 4, 8 / 8

⑲ 1, 2, 3, 6, 7, 14, 21, 42 / 1, 2, 3, 6, 9, 18 / 1, 2, 3, 6 / 6

⑳ 1, 3, 5, 9, 15, 45 / 1, 3, 5, 15, 25, 75 / 1, 3, 5, 15 / 15

㉑ 1, 2, 4, 13, 26, 52 / 1, 3, 13, 39 / 1, 13 / 13

㉒ 1, 2, 4, 8, 16, 32, 64 / 1, 2, 4, 19, 38, 76 / 1, 2, 4 / 4

11 공배수, 최소공배수

50쪽

❶ 18, 36 / 18

❷ 16, 32 / 16

❸ 30, 60 / 30

❹ 28, 56 / 28

51쪽

❺ 3, 6, 9, 12, 15 / 4, 8, 12, 16, 20 / 12, 24 / 12

❻ 8, 16, 24, 32, 40 / 10, 20, 30, 40, 50 / 40, 80 / 40

❼ 12, 24, 36, 48, 60 / 18, 36, 54, 72, 90 / 36, 72 / 36

❽ 15, 30, 45, 60, 75 / 6, 12, 18, 24, 30 / 30, 60 / 30

❾ 20, 40, 60, 80, 100 / 40, 80, 120, 160, 200 / 40, 80 / 40

❿ 21, 42, 63, 84, 105 / 42, 84, 126, 168, 210 / 42, 84 / 42

52쪽

⑪ 5, 10, 15, 20, 25 / 10, 20, 30, 40, 50 / 10, 20 / 10

⑫ 9, 18, 27, 36, 45 / 15, 30, 45, 60, 75 / 45, 90 / 45

⑬ 12, 24, 36, 48, 60 / 16, 32, 48, 64, 80 / 48, 96 / 48

⑭ 13, 26, 39, 52, 65 / 26, 52, 78, 104, 130 / 26, 52 / 26

⑮ 20, 40, 60, 80, 100 / 15, 30, 45, 60, 75 / 60, 120 / 60

⑯ 28, 56, 84, 112, 140 / 21, 42, 63, 84, 105 / 84, 168 / 84

53쪽

⑰ 6, 12, 18, 24, 30 / 10, 20, 30, 40, 50 / 30, 60 / 30

⑱ 7, 14, 21, 28, 35 / 35, 70, 105, 140, 175 / 35, 70 / 35

⑲ 18, 36, 54, 72, 90 / 30, 60, 90, 120, 150 / 90, 180 / 90

⑳ 21, 42, 63, 84, 105 / 14, 28, 42, 56, 70 / 42, 84 / 42

㉑ 27, 54, 81, 108, 135 / 18, 36, 54, 72, 90 / 54, 108 / 54

㉒ 30, 60, 90, 120, 150 / 24, 48, 72, 96, 120 / 120, 240 / 120

12　계산 Plus＋ 약수, 배수

54쪽

❶ 1, 13 / 1, 2, 4, 8, 16

❷ 1, 3, 5, 15 / 1, 3, 5, 9, 15, 45

❸ 1, 2, 4, 5, 10, 20 / 1, 2, 4, 8, 16, 32

❹ 1, 3, 11, 33 / 1, 2, 29, 58

❺ 1, 7, 49 / 1, 2, 31, 62

❻ 6, 12, 18, 24 / 17, 34, 51, 68

❼ 22, 44, 66, 88 / 41, 82, 123, 164

❽ 25, 50, 75, 100 / 36, 72, 108, 144

❾ 37, 74, 111, 148 / 42, 84, 126, 168

❿ 50, 100, 150, 200 / 63, 126, 189, 252

55쪽

⓫ 1, 2, 3, 6 / 6

⓬ 1, 2, 3, 6 / 6

⓭ 1, 5 / 5

⓮ 1, 2, 4 / 4

⓯ 1, 2, 4, 7, 14, 28 / 28

⓰ 18, 36, 54 / 18

⓱ 56, 112, 168 / 56

⓲ 45, 90, 135 / 45

⓳ 108, 216, 324 / 108

⓴ 60, 120, 180 / 60

56쪽

57쪽

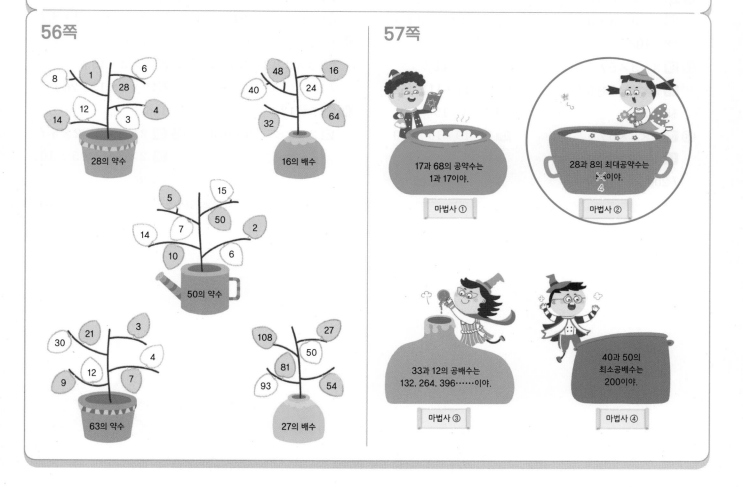

13 곱셈식을 이용하여 최대공약수와 최소공배수 구하기

58쪽

❶ 2 / 5 / 2 / 40

❷ 3 / 5 / 3 / 45

❸ 3 / 3 / 6 / 36

❹ 3 / 5 / 9 / 135

59쪽

❺ 예 2×7 / 예 5×7 / 7 / 70

❻ 예 $2 \times 2 \times 2 \times 3$ / 예 $2 \times 2 \times 2 \times 5$ / 8 / 120

❼ 예 5×5 / 예 $2 \times 3 \times 5$ / 5 / 150

❽ 예 3×11 / 예 $2 \times 2 \times 3 \times 3$ / 132

❾ 예 $2 \times 2 \times 11$ / 예 $2 \times 3 \times 11$ / 22 / 132

❿ 예 3×17 / 예 2×17 / 17 / 102

60쪽

⓫ 예 $2 \times 2 \times 3 \times 3$ / 예 $2 \times 3 \times 3 \times 3$ / 18 / 108

⓬ 예 $3 \times 3 \times 5$ / 예 $2 \times 2 \times 3 \times 5$ / 15 / 180

⓭ 예 $2 \times 5 \times 5$ / 예 $2 \times 2 \times 2 \times 5$ / 10 / 200

⓮ 예 $3 \times 3 \times 7$ / 예 $2 \times 2 \times 2 \times 3 \times 3$ / 9 / 504

⓯ 예 $2 \times 3 \times 11$ / 예 7×11 / 11 / 462

⓰ 예 $2 \times 2 \times 19$ / 예 5×19 / 19 / 380

61쪽

⓱ 예 $2 \times 3 \times 7$ / 예 7×7 / 7 / 294

⓲ 예 $2 \times 3 \times 3 \times 3$ / 예 $3 \times 3 \times 3 \times 3$ / 27 / 162

⓳ 예 5×13 / 예 $2 \times 5 \times 7$ / 5 / 910

⓴ 예 $2 \times 2 \times 2 \times 3 \times 3$ / 예 $2 \times 2 \times 2 \times 2 \times 5$ / 8 / 720

㉑ 예 $2 \times 3 \times 13$ / 예 $2 \times 2 \times 13$ / 26 / 156

㉒ 예 $2 \times 2 \times 2 \times 2 \times 5$ / 예 $2 \times 3 \times 3 \times 5$ / 10 / 720

14 공약수로 나누어 최대공약수와 최소공배수 구하기

62쪽

❶ 5 / 5 / 50
❷ 2, 7 / 14 / 42
❸ 5 / 5 / 60
❹ 2, 3 / 6 / 120

63쪽

❺ 2) 10   12
      5   6
/ 2 / 60

❻ 3) 12   21
      4   7
/ 3 / 84

❼ 예 3) 18   45
    3) 6   15
        2   5
/ 9 / 90

❽ 예 2) 24   28
    2) 12   14
        6   7
/ 4 / 168

❾ 7) 28   49
      4   7
/ 7 / 196

❿ 5) 30   65
      6   13
/ 5 / 390

⓫ 예 2) 36   20
    2) 18   10
        9   5
/ 4 / 180

⓬ 예 2) 42   56
    7) 21   28
        3   4
/ 14 / 168

64쪽

⓭ 7) 14   21
      2   3
/ 7 / 42

⓮ 5) 15   25
      3   5
/ 5 / 75

⓯ 예 2) 20   44
    2) 10   22
        5   11
/ 4 / 220

⓰ 예 2) 24   36
    2) 12   18
    3) 6   9
        2   3
/ 12 / 72

⓱ 예 2) 32   68
    2) 16   34
        8   17
/ 4 / 544

⓲ 예 2) 40   70
    5) 20   35
        4   7
/ 10 / 280

⓳ 예 2) 52   64
    2) 26   32
       13   16
/ 4 / 832

⓴ 예 2) 54   42
    3) 27   21
        9   7
/ 6 / 378

65쪽

㉑ 예 2) 20   12
    2) 10   6
        5   3
/ 4 / 60

㉒ 예 2) 24   42
    3) 12   21
        4   7
/ 6 / 168

㉓ 예 2) 28   32
    2) 14   16
        7   8
/ 4 / 224

㉔ 예 2) 30   60
    3) 15   30
    5) 5   10
        1   2
/ 30 / 60

㉕ 예 2) 36   60
    2) 18   30
    3) 9   15
        3   5
/ 12 / 180

㉖ 예 2) 40   60
    2) 20   30
    5) 10   15
        2   3
/ 20 / 120

㉗ 예 2) 54   72
    3) 27   36
    3) 9   12
        3   4
/ 18 / 216

㉘ 예 2) 56   84
    2) 28   42
    7) 14   21
        2   3
/ 28 / 168

15 계산 Plus+ 최대공약수, 최소공배수

66쪽

❶ 6 / 30
❷ 3 / 315
❸ 17 / 170
❹ 12 / 240
❺ 25 / 50
❻ 22 / 264

67쪽

❼ 5 / 180
❽ 7 / 280
❾ 4 / 468
❿ 9 / 315
⓫ 10 / 300
⓬ 12 / 420
⓭ 23 / 276
⓮ 18 / 360

68쪽

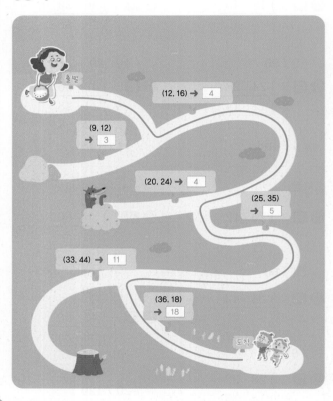

69쪽

16 약수와 배수 평가

70쪽

❶ 1, 2, 3, 4, 6, 12
❷ 1, 2, 13, 26
❸ 1, 2, 4, 5, 8, 10, 20, 40
❹ 4, 8, 12, 16
❺ 23, 46, 69, 92
❻ 32, 64, 96, 128
❼ 1, 2, 4, 8 / 8
❽ 1, 2, 4 / 4
❾ 36, 72 / 36
❿ 120, 240 / 120

71쪽

⓫ 10 / 60
⓬ 4 / 80
⓭ 7 / 105
⓮ 4 / 252
⓯ 6 / 180
⓰ 8 / 168
⓱ 8 / 320
⓲ 15 / 300
⓳ 9 / 567
⓴ 24 / 288

3 약분과 통분

17 크기가 같은 분수

74쪽

❶ $\dfrac{2}{4}$

❷ 3, 3

❸ $\dfrac{16}{20}$

❹ (왼쪽에서부터) 5, 5, 35

75쪽

❺ $\dfrac{3}{4}$

❻ $\dfrac{1}{3}$

❼ 4, 4

❽ 5, 5

❾ (왼쪽에서부터) 4, 4, 5

❿ $\dfrac{3}{4}$

⓫ $\dfrac{7}{10}$

⓬ 2, 2

⓭ 6, 6

⓮ 5, 5, 5

76쪽

⓯ $\dfrac{2}{6}$, $\dfrac{3}{9}$, $\dfrac{4}{12}$

⓰ $\dfrac{4}{10}$, $\dfrac{6}{15}$, $\dfrac{8}{20}$

⓱ $\dfrac{10}{12}$, $\dfrac{15}{18}$, $\dfrac{20}{24}$

⓲ $\dfrac{10}{14}$, $\dfrac{15}{21}$, $\dfrac{20}{28}$

⓳ $\dfrac{6}{16}$, $\dfrac{9}{24}$, $\dfrac{12}{32}$

⓴ $\dfrac{4}{18}$, $\dfrac{6}{27}$, $\dfrac{8}{36}$

㉑ $\dfrac{14}{20}$, $\dfrac{21}{30}$, $\dfrac{28}{40}$

㉒ $\dfrac{10}{24}$, $\dfrac{15}{36}$, $\dfrac{20}{48}$

㉓ $\dfrac{18}{28}$, $\dfrac{27}{42}$, $\dfrac{36}{56}$

㉔ $\dfrac{8}{34}$, $\dfrac{12}{51}$, $\dfrac{16}{68}$

㉕ $\dfrac{22}{40}$, $\dfrac{33}{60}$, $\dfrac{44}{80}$

㉖ $\dfrac{36}{50}$, $\dfrac{54}{75}$, $\dfrac{72}{100}$

㉗ $\dfrac{8}{54}$, $\dfrac{12}{81}$, $\dfrac{16}{108}$

㉘ $\dfrac{24}{58}$, $\dfrac{36}{87}$, $\dfrac{48}{116}$

77쪽

㉙ $\dfrac{4}{8}$, $\dfrac{2}{4}$, $\dfrac{1}{2}$

㉚ $\dfrac{3}{9}$, $\dfrac{2}{6}$, $\dfrac{1}{3}$

㉛ $\dfrac{6}{12}$, $\dfrac{4}{8}$, $\dfrac{3}{6}$

㉜ $\dfrac{10}{15}$, $\dfrac{4}{6}$, $\dfrac{2}{3}$

㉝ $\dfrac{12}{16}$, $\dfrac{6}{8}$, $\dfrac{3}{4}$

㉞ $\dfrac{16}{20}$, $\dfrac{8}{10}$, $\dfrac{4}{5}$

㉟ $\dfrac{15}{24}$, $\dfrac{10}{16}$, $\dfrac{5}{8}$

㊱ $\dfrac{18}{27}$, $\dfrac{12}{18}$, $\dfrac{6}{9}$

㊲ $\dfrac{20}{30}$, $\dfrac{10}{15}$, $\dfrac{8}{12}$

㊳ $\dfrac{12}{32}$, $\dfrac{6}{16}$, $\dfrac{3}{8}$

㊴ $\dfrac{24}{36}$, $\dfrac{16}{24}$, $\dfrac{12}{18}$

㊵ $\dfrac{24}{40}$, $\dfrac{12}{20}$, $\dfrac{6}{10}$

㊶ $\dfrac{30}{42}$, $\dfrac{20}{28}$, $\dfrac{15}{21}$

㊷ $\dfrac{25}{30}$, $\dfrac{15}{18}$, $\dfrac{5}{6}$

18 약분

78쪽

❶ 1

❷ 4

❸ 4, 2

❹ 6

❺ 8, 4

❻ 10, 5

79쪽

❼ 1

❽ 5

❾ 3

❿ 3

⓫ 5

⓬ 3

⓭ 3

⓮ 2

⓯ 1

⓰ 5

⓱ 9

⓲ 7

⓳ 4

⓴ 5

㉑ 3

㉒ 7

㉓ 3

㉔ 8

㉕ 2

㉖ 6

㉗ 5

80쪽

㉘ $\dfrac{2}{3}$

㉙ $\dfrac{1}{5}$

㉚ $\dfrac{3}{8}$

㉛ $\dfrac{8}{9}$

㉜ $\dfrac{4}{18}$, $\dfrac{2}{9}$

㉝ $\dfrac{14}{20}$, $\dfrac{7}{10}$

㉞ $\dfrac{11}{21}$

㉟ $\dfrac{4}{7}$

㊱ $\dfrac{4}{5}$

㊲ $\dfrac{16}{30}$, $\dfrac{8}{15}$

㊳ $\dfrac{12}{21}$, $\dfrac{4}{7}$

㊴ $\dfrac{28}{36}$, $\dfrac{14}{18}$, $\dfrac{7}{9}$

㊵ $\dfrac{35}{40}$, $\dfrac{14}{16}$, $\dfrac{7}{8}$

㊶ $\dfrac{40}{48}$, $\dfrac{20}{24}$, $\dfrac{10}{12}$, $\dfrac{5}{6}$

81쪽

㊷ $\dfrac{2}{3}$

㊸ $\dfrac{4}{7}$

㊹ $\dfrac{8}{11}$

㊺ $\dfrac{8}{13}$

㊻ $\dfrac{3}{4}$

㊼ $\dfrac{2}{3}$

㊽ $\dfrac{9}{13}$

㊾ $\dfrac{2}{7}$

㊿ $\dfrac{5}{8}$

51 $\dfrac{14}{17}$

52 $\dfrac{11}{14}$

53 $\dfrac{5}{7}$

54 $\dfrac{10}{17}$

55 $\dfrac{1}{2}$

19 통분

82쪽

❶ 5, 4, $\dfrac{5}{20}$, $\dfrac{16}{20}$

❷ 3, 7, $\dfrac{15}{21}$, $\dfrac{7}{21}$

❸ 4, 9, $\dfrac{20}{36}$, $\dfrac{27}{36}$

83쪽

❹ 3, 2, $\dfrac{3}{12}$, $\dfrac{10}{12}$

❺ 2, $\dfrac{2}{12}$, $\dfrac{7}{12}$

❻ 2, 5, $\dfrac{18}{20}$, $\dfrac{15}{20}$

❼ 3, 2, $\dfrac{3}{24}$, $\dfrac{10}{24}$

❽ 2, 5, $\dfrac{26}{40}$, $\dfrac{35}{40}$

❾ 5, 7, $\dfrac{55}{70}$, $\dfrac{63}{70}$

❿ 4, 3, $\dfrac{20}{96}$, $\dfrac{39}{96}$

84쪽

⑪ $\frac{5}{10}$, $\frac{8}{10}$ ⑱ $\frac{36}{63}$, $\frac{56}{63}$

⑫ $\frac{12}{18}$, $\frac{3}{18}$ ⑲ $\frac{55}{66}$, $\frac{18}{66}$

⑬ $\frac{15}{27}$, $\frac{9}{27}$ ⑳ $\frac{24}{75}$, $\frac{50}{75}$

⑭ $\frac{26}{36}$, $\frac{18}{36}$ ㉑ $\frac{25}{80}$, $\frac{48}{80}$

⑮ $\frac{16}{40}$, $\frac{5}{40}$ ㉒ $\frac{68}{80}$, $\frac{60}{80}$

⑯ $\frac{4}{48}$, $\frac{12}{48}$ ㉓ $\frac{48}{90}$, $\frac{15}{90}$

⑰ $\frac{42}{60}$, $\frac{50}{60}$ ㉔ $\frac{21}{91}$, $\frac{26}{91}$

85쪽

㉕ $\frac{2}{8}$, $\frac{5}{8}$ ㉜ $\frac{27}{60}$, $\frac{45}{60}$

㉖ $\frac{6}{9}$, $\frac{4}{9}$ ㉝ $\frac{34}{60}$, $\frac{25}{60}$

㉗ $\frac{10}{24}$, $\frac{9}{24}$ ㉞ $\frac{57}{63}$, $\frac{56}{63}$

㉘ $\frac{10}{36}$, $\frac{9}{36}$ ㉟ $\frac{51}{72}$, $\frac{44}{72}$

㉙ $\frac{12}{45}$, $\frac{35}{45}$ ㊱ $\frac{27}{75}$, $\frac{40}{75}$

㉚ $\frac{26}{45}$, $\frac{5}{45}$ ㊲ $\frac{24}{80}$, $\frac{45}{80}$

㉛ $\frac{45}{48}$, $\frac{4}{48}$ ㊳ $\frac{35}{90}$, $\frac{24}{90}$

20 분수와 소수의 크기 비교

86쪽

❶ 6, 10, <
❷ 8, 5, >
❸ 20, 9, >

87쪽

❹ 0.5, >
❺ 0.8, <
❻ 0.45, >
❼ 6, 5, 12, <
❽ 97, 97, 85, >
❾ 42, 52, 42, >

88쪽

⑩ < ⑰ > ㉔ <
⑪ < ⑱ > ㉕ >
⑫ > ⑲ < ㉖ >
⑬ > ⑳ < ㉗ <
⑭ < ㉑ > ㉘ <
⑮ > ㉒ < ㉙ >
⑯ < ㉓ < ㉚ <

89쪽

㉛ > ㊳ < ㊸ >
㉜ > ㊴ < ㊹ <
㉝ < ㊵ > ㊺ <
㉞ < ㊶ > ㊻ <
㉟ < ㊷ > ㊼ >
㊱ > ㊸ > ㊽ <
㊲ > ㊹ < ㊾ >

21 계산 Plus+ 약분, 통분

90쪽

❶ $\frac{3}{6}$, $\frac{10}{50}$

❷ $\frac{4}{16}$, $\frac{15}{20}$

❸ $\frac{6}{9}$, $\frac{2}{12}$

❹ $\frac{6}{18}$, $\frac{15}{45}$

❺ $\frac{12}{42}$, $\frac{32}{64}$

❻ $\frac{10}{15}$, $\frac{18}{27}$

❼ $\frac{11}{22}$, $\frac{40}{56}$

❽ $\frac{15}{25}$, $\frac{19}{38}$

❾ $\frac{24}{44}$, $\frac{38}{76}$

❿ $\frac{25}{55}$, $\frac{56}{63}$

91쪽

⑪ $\frac{2}{5}$, $\frac{5}{19}$

⑫ $\frac{11}{18}$, $\frac{15}{32}$

⑬ $\frac{7}{9}$, $\frac{16}{21}$

⑭ $\frac{11}{40}$, $\frac{19}{34}$

⑮ $\frac{10}{21}$, $\frac{22}{45}$

⑯ $\frac{13}{14}$, $\frac{31}{60}$

⑰ $\frac{15}{26}$, $\frac{19}{40}$

⑱ $\frac{7}{10}$, $\frac{14}{51}$

⑲ $\frac{6}{13}$, $\frac{25}{48}$

⑳ $\frac{16}{37}$, $\frac{29}{59}$

㉑ $\frac{19}{30}$, $\frac{41}{45}$

㉒ $\frac{11}{20}$, $\frac{24}{47}$

92쪽

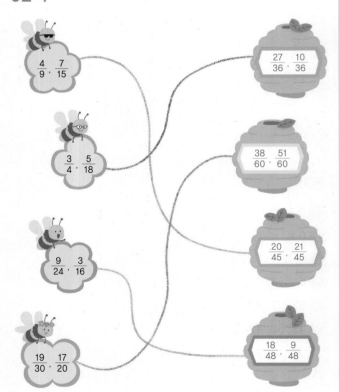

93쪽

94쪽

① 예 $\dfrac{2}{8}$, $\dfrac{3}{12}$, $\dfrac{4}{16}$

② 예 $\dfrac{6}{14}$, $\dfrac{9}{21}$, $\dfrac{12}{28}$

③ 예 $\dfrac{8}{22}$, $\dfrac{12}{33}$, $\dfrac{16}{44}$

④ 예 $\dfrac{5}{15}$, $\dfrac{3}{9}$, $\dfrac{1}{3}$

⑤ 예 $\dfrac{12}{27}$, $\dfrac{8}{18}$, $\dfrac{4}{9}$

⑥ $\dfrac{4}{8}$, $\dfrac{2}{4}$, $\dfrac{1}{2}$

⑦ $\dfrac{3}{6}$, $\dfrac{1}{2}$

⑧ $\dfrac{1}{2}$

⑨ $\dfrac{2}{5}$

⑩ $\dfrac{4}{5}$

95쪽

⑪ 예 $\dfrac{7}{28}$, $\dfrac{24}{28}$

⑫ 예 $\dfrac{32}{40}$, $\dfrac{5}{40}$

⑬ 예 $\dfrac{5}{6}$, $\dfrac{4}{6}$

⑭ 예 $\dfrac{28}{48}$, $\dfrac{9}{48}$

⑮ 예 $\dfrac{24}{50}$, $\dfrac{35}{50}$

⑯ >

⑰ <

⑱ <

⑲ <

⑳ >

23 합이 1보다 작은 분모가 다른 진분수의 덧셈

98쪽

❶ $\dfrac{3}{4}$

❷ $\dfrac{5}{6}$

❸ $\dfrac{5}{6}$

❹ $\dfrac{5}{9}$

❺ $\dfrac{9}{10}$

❻ $\dfrac{11}{12}$

❼ $\dfrac{13}{14}$

❽ $\dfrac{7}{18}$

❾ $\dfrac{14}{15}$

99쪽

❿ $\dfrac{3}{5}$

⓫ $\dfrac{19}{21}$

⓬ $\dfrac{5}{6}$

⓭ $\dfrac{22}{25}$

⓮ $\dfrac{11}{30}$

⓯ $\dfrac{31}{35}$

⓰ $\dfrac{31}{36}$

⓱ $\dfrac{29}{36}$

⓲ $\dfrac{31}{40}$

⓳ $\dfrac{5}{6}$

⓴ $\dfrac{23}{44}$

㉑ $\dfrac{22}{45}$

㉒ $\dfrac{47}{48}$

㉓ $\dfrac{41}{48}$

㉔ $\dfrac{41}{50}$

㉕ $\dfrac{53}{60}$

㉖ $\dfrac{43}{60}$

㉗ $\dfrac{32}{63}$

㉘ $\dfrac{53}{72}$

㉙ $\dfrac{35}{88}$

㉚ $\dfrac{93}{100}$

100쪽

㉛ $\dfrac{3}{10}$

㉜ $\dfrac{7}{12}$

㉝ $\dfrac{5}{6}$

㉞ $\dfrac{11}{15}$

㉟ $\dfrac{17}{18}$

㊱ $\dfrac{19}{24}$

㊲ $\dfrac{11}{24}$

㊳ $\dfrac{25}{27}$

㊴ $\dfrac{19}{28}$

㊵ $\dfrac{5}{6}$

㊶ $\dfrac{28}{33}$

㊷ $\dfrac{33}{35}$

㊸ $\dfrac{27}{35}$

㊹ $\dfrac{29}{36}$

㊺ $\dfrac{33}{40}$

㊻ $\dfrac{13}{14}$

㊼ $\dfrac{31}{42}$

㊽ $\dfrac{17}{21}$

㊾ $\dfrac{37}{45}$

㊿ $\dfrac{19}{50}$

(51) $\dfrac{37}{52}$

101쪽

(52) $\dfrac{37}{54}$

(53) $\dfrac{52}{55}$

(54) $\dfrac{39}{56}$

(55) $\dfrac{59}{60}$

(56) $\dfrac{41}{60}$

(57) $\dfrac{43}{63}$

(58) $\dfrac{69}{70}$

(59) $\dfrac{59}{72}$

(60) $\dfrac{71}{72}$

(61) $\dfrac{77}{78}$

(62) $\dfrac{67}{80}$

(63) $\dfrac{80}{81}$

(64) $\dfrac{65}{84}$

(65) $\dfrac{81}{85}$

(66) $\dfrac{47}{90}$

(67) $\dfrac{83}{90}$

(68) $\dfrac{83}{96}$

(69) $\dfrac{94}{99}$

(70) $\dfrac{81}{100}$

(71) $\dfrac{107}{120}$

(72) $\dfrac{101}{144}$

24 합이 1보다 큰 분모가 다른 진분수의 덧셈

102쪽

① $1\frac{1}{2}$ ② $1\frac{1}{3}$ ③ $1\frac{3}{8}$
④ $1\frac{3}{10}$ ⑤ $1\frac{5}{12}$ ⑥ $1\frac{5}{12}$
⑦ $1\frac{1}{15}$ ⑧ $1\frac{5}{18}$ ⑨ $1\frac{3}{20}$

103쪽

⑩ $1\frac{5}{21}$ ⑪ $1\frac{13}{24}$ ⑫ $1\frac{1}{25}$ ⑬ $1\frac{7}{26}$ ⑭ $1\frac{1}{28}$ ⑮ $1\frac{15}{28}$ ⑯ $1\frac{11}{30}$
⑰ $1\frac{19}{36}$ ⑱ $1\frac{10}{39}$ ⑲ $1\frac{27}{40}$ ⑳ $1\frac{17}{45}$ ㉑ $1\frac{17}{48}$ ㉒ $1\frac{23}{50}$ ㉓ $1\frac{19}{56}$
㉔ $1\frac{19}{60}$ ㉕ $1\frac{16}{65}$ ㉖ $1\frac{31}{68}$ ㉗ $1\frac{9}{70}$ ㉘ $1\frac{19}{72}$ ㉙ $1\frac{45}{77}$ ㉚ $1\frac{47}{80}$

104쪽

㉛ $1\frac{1}{2}$ ㉜ $1\frac{1}{6}$ ㉝ $1\frac{3}{14}$ ㉞ $1\frac{1}{15}$ ㉟ $1\frac{7}{18}$ ㊱ $1\frac{1}{18}$ ㊲ $1\frac{1}{4}$
㊳ $1\frac{4}{21}$ ㊴ $1\frac{17}{24}$ ㊵ $1\frac{7}{24}$ ㊶ $1\frac{1}{8}$ ㊷ $1\frac{19}{30}$ ㊸ $1\frac{7}{30}$ ㊹ $1\frac{11}{35}$
㊺ $1\frac{5}{36}$ ㊻ $1\frac{13}{36}$ ㊼ $1\frac{11}{40}$ ㊽ $1\frac{23}{42}$ ㊾ $1\frac{13}{42}$ ㊿ $1\frac{11}{48}$ (51) $1\frac{13}{54}$

105쪽

(52) $1\frac{7}{55}$ (53) $1\frac{15}{56}$ (54) $1\frac{17}{60}$ (55) $1\frac{26}{63}$ (56) $1\frac{34}{63}$ (57) $1\frac{23}{66}$ (58) $1\frac{9}{70}$
(59) $1\frac{19}{72}$ (60) $1\frac{26}{75}$ (61) $1\frac{37}{77}$ (62) $1\frac{13}{80}$ (63) $1\frac{23}{84}$ (64) $1\frac{5}{88}$ (65) $1\frac{31}{90}$
(66) $1\frac{13}{30}$ (67) $1\frac{19}{92}$ (68) $1\frac{56}{95}$ (69) $1\frac{29}{96}$ (70) $1\frac{21}{100}$ (71) $1\frac{11}{108}$ (72) $1\frac{49}{120}$

4 분수의 덧셈

대분수의 덧셈

106쪽

❶ $2\frac{2}{3}$

❷ $4\frac{5}{8}$

❸ $6\frac{7}{18}$

❹ $4\frac{16}{21}$

❺ $8\frac{23}{30}$

❻ $6\frac{29}{36}$

❼ $5\frac{23}{44}$

❽ $7\frac{31}{48}$

❾ $4\frac{33}{56}$

107쪽

❿ $5\frac{1}{4}$

⓫ $3\frac{1}{2}$

⓬ $5\frac{3}{10}$

⓭ $7\frac{5}{14}$

⓮ $6\frac{7}{15}$

⓯ $5\frac{3}{20}$

⓰ $7\frac{5}{24}$

⓱ $6\frac{5}{28}$

⓲ $5\frac{7}{32}$

⓳ $4\frac{7}{36}$

⓴ $4\frac{23}{39}$

㉑ $7\frac{7}{40}$

㉒ $5\frac{14}{45}$

㉓ $7\frac{13}{50}$

㉔ $6\frac{13}{54}$

㉕ $5\frac{8}{63}$

㉖ $4\frac{17}{65}$

㉗ $5\frac{5}{66}$

㉘ $6\frac{19}{72}$

㉙ $5\frac{19}{75}$

㉚ $8\frac{33}{80}$

108쪽

㉛ $5\frac{7}{9}$

㉜ $4\frac{7}{10}$

㉝ $7\frac{5}{12}$

㉞ $3\frac{19}{21}$

㉟ $6\frac{22}{25}$

㊱ $9\frac{29}{33}$

㊲ $7\frac{25}{34}$

㊳ $3\frac{21}{40}$

㊴ $6\frac{47}{52}$

㊵ $5\frac{23}{56}$

㊶ $4\frac{43}{60}$

㊷ $5\frac{41}{68}$

㊸ $6\frac{31}{70}$

㊹ $2\frac{50}{77}$

㊺ $8\frac{43}{78}$

㊻ $4\frac{70}{81}$

㊼ $7\frac{59}{84}$

㊽ $6\frac{27}{85}$

㊾ $6\frac{83}{90}$

㊿ $7\frac{13}{14}$

51 $8\frac{89}{100}$

109쪽

52 $8\frac{1}{6}$

53 $4\frac{2}{15}$

54 $5\frac{13}{18}$

55 $8\frac{13}{20}$

56 $3\frac{5}{24}$

57 $7\frac{17}{30}$

58 $6\frac{1}{18}$

59 $4\frac{17}{40}$

60 $6\frac{16}{45}$

61 $7\frac{23}{54}$

62 $4\frac{4}{55}$

63 $5\frac{17}{60}$

64 $8\frac{17}{66}$

65 $6\frac{7}{72}$

66 $6\frac{17}{78}$

67 $5\frac{1}{12}$

68 $8\frac{47}{88}$

69 $6\frac{23}{90}$

70 $5\frac{7}{96}$

71 $6\frac{33}{112}$

72 $9\frac{49}{120}$

계산 Plus+ 분수의 덧셈

110쪽

❶ $\frac{3}{8}$

❷ $\frac{29}{35}$

❸ $1\frac{1}{10}$

❹ $1\frac{5}{18}$

❺ $3\frac{13}{21}$

❻ $5\frac{11}{24}$

❼ $4\frac{11}{36}$

❽ $6\frac{28}{45}$

111쪽

❾ $\frac{13}{15}$

❿ $\frac{11}{20}$

⓫ $1\frac{17}{28}$

⓬ $1\frac{5}{42}$

⓭ $4\frac{7}{12}$

⓮ $6\frac{3}{14}$

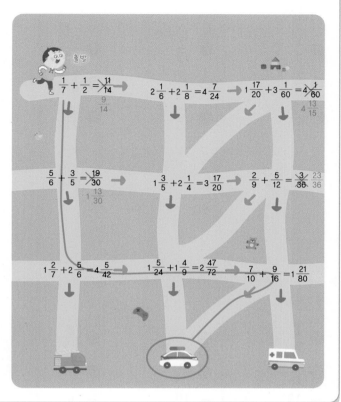

27 **분수의 덧셈 평가**

❶ $\dfrac{7}{8}$

❷ $\dfrac{7}{10}$

❸ $\dfrac{19}{24}$

❹ $\dfrac{25}{36}$

❺ $\dfrac{43}{50}$

❻ $1\dfrac{2}{9}$

❼ $1\dfrac{11}{20}$

❽ $1\dfrac{7}{36}$

❾ $1\dfrac{5}{48}$

❿ $1\dfrac{34}{55}$

⓫ $3\dfrac{1}{2}$

⓬ $3\dfrac{13}{18}$

⓭ $5\dfrac{25}{28}$

⓮ $7\dfrac{7}{30}$

⓯ $3\dfrac{1}{42}$

⓰ $6\dfrac{28}{55}$

⓱ $\dfrac{3}{4}$

⓲ $1\dfrac{5}{24}$

⓳ $4\dfrac{29}{30}$

⓴ $5\dfrac{41}{48}$

5 분수의 뺄셈

28 진분수의 뺄셈

118쪽

① $\frac{1}{2}$

② $\frac{3}{8}$

③ $\frac{1}{10}$

④ $\frac{5}{12}$

⑤ $\frac{3}{14}$

⑥ $\frac{8}{15}$

⑦ $\frac{1}{16}$

⑧ $\frac{1}{9}$

⑨ $\frac{4}{21}$

119쪽

⑩ $\frac{5}{24}$

⑪ $\frac{5}{24}$

⑫ $\frac{8}{25}$

⑬ $\frac{13}{28}$

⑭ $\frac{11}{30}$

⑮ $\frac{1}{30}$

⑯ $\frac{5}{36}$

⑰ $\frac{7}{36}$

⑱ $\frac{11}{39}$

⑲ $\frac{17}{40}$

⑳ $\frac{17}{42}$

㉑ $\frac{11}{45}$

㉒ $\frac{29}{48}$

㉓ $\frac{9}{50}$

㉔ $\frac{1}{56}$

㉕ $\frac{1}{60}$

㉖ $\frac{4}{63}$

㉗ $\frac{20}{69}$

㉘ $\frac{13}{72}$

㉙ $\frac{23}{77}$

㉚ $\frac{19}{80}$

120쪽

㉛ $\frac{1}{2}$

㉜ $\frac{7}{15}$

㉝ $\frac{13}{20}$

㉞ $\frac{3}{22}$

㉟ $\frac{11}{24}$

㊱ $\frac{10}{27}$

㊲ $\frac{7}{34}$

㊳ $\frac{8}{35}$

㊴ $\frac{5}{36}$

㊵ $\frac{19}{36}$

㊶ $\frac{11}{40}$

㊷ $\frac{1}{14}$

㊸ $\frac{7}{44}$

㊹ $\frac{3}{44}$

㊺ $\frac{2}{45}$

㊻ $\frac{2}{3}$

㊼ $\frac{6}{25}$

㊽ $\frac{25}{54}$

㊾ $\frac{23}{54}$

㊿ $\frac{8}{55}$

(51) $\frac{23}{56}$

121쪽

(52) $\frac{29}{60}$

(53) $\frac{23}{60}$

(54) $\frac{22}{63}$

(55) $\frac{7}{66}$

(56) $\frac{1}{70}$

(57) $\frac{29}{72}$

(58) $\frac{7}{76}$

(59) $\frac{43}{75}$

(60) $\frac{1}{6}$

(61) $\frac{37}{80}$

(62) $\frac{31}{81}$

(63) $\frac{37}{84}$

(64) $\frac{17}{84}$

(65) $\frac{37}{87}$

(66) $\frac{53}{90}$

(67) $\frac{32}{91}$

(68) $\frac{42}{95}$

(69) $\frac{17}{96}$

(70) $\frac{35}{99}$

(71) $\frac{7}{104}$

(72) $\frac{11}{120}$

29 진분수 부분끼리 뺄 수 있는 분모가 다른 대분수의 뺄셈

122쪽

① $1\frac{1}{3}$

② $2\frac{1}{9}$

③ $1\frac{3}{10}$

④ $1\frac{1}{10}$

⑤ $3\frac{5}{12}$

⑥ $3\frac{3}{14}$

⑦ $4\frac{5}{18}$

⑧ $4\frac{11}{20}$

⑨ $3\frac{11}{24}$

123쪽

⑩ $2\frac{5}{8}$

⑪ $3\frac{9}{26}$

⑫ $5\frac{13}{27}$

⑬ $1\frac{19}{30}$

⑭ $4\frac{7}{32}$

⑮ $2\frac{18}{35}$

⑯ $3\frac{13}{36}$

⑰ $2\frac{23}{39}$

⑱ $2\frac{17}{42}$

⑲ $3\frac{5}{42}$

⑳ $5\frac{5}{44}$

㉑ $4\frac{8}{45}$

㉒ $2\frac{1}{48}$

㉓ $2\frac{13}{50}$

㉔ $5\frac{13}{54}$

㉕ $4\frac{17}{60}$

㉖ $1\frac{20}{63}$

㉗ $3\frac{17}{66}$

㉘ $2\frac{41}{72}$

㉙ $5\frac{22}{75}$

㉚ $2\frac{11}{80}$

124쪽

㉛ $5\frac{1}{12}$

㉜ $3\frac{2}{15}$

㉝ $4\frac{7}{16}$

㉞ $1\frac{7}{18}$

㉟ $2\frac{4}{9}$

㊱ $4\frac{5}{21}$

㊲ $1\frac{1}{24}$

㊳ $5\frac{1}{24}$

㊴ $3\frac{9}{20}$

㊵ $2\frac{2}{15}$

㊶ $1\frac{15}{34}$

㊷ $2\frac{16}{35}$

㊸ $3\frac{5}{36}$

㊹ $2\frac{1}{40}$

㊺ $3\frac{13}{40}$

㊻ $1\frac{26}{45}$

㊼ $1\frac{7}{46}$

㊽ $2\frac{23}{48}$

㊾ $4\frac{23}{50}$

㊿ $1\frac{35}{52}$

51 $3\frac{26}{55}$

125쪽

52 $2\frac{11}{56}$

53 $1\frac{1}{60}$

54 $5\frac{11}{60}$

55 $2\frac{40}{63}$

56 $5\frac{9}{68}$

57 $2\frac{29}{70}$

58 $3\frac{37}{70}$

59 $4\frac{31}{72}$

60 $3\frac{12}{77}$

61 $5\frac{19}{78}$

62 $1\frac{23}{80}$

63 $4\frac{35}{81}$

64 $3\frac{29}{84}$

65 $3\frac{5}{21}$

66 $3\frac{14}{85}$

67 $5\frac{41}{90}$

68 $3\frac{11}{90}$

69 $2\frac{49}{96}$

70 $5\frac{14}{99}$

71 $4\frac{5}{108}$

72 $7\frac{43}{120}$

30 진분수 부분끼리 뺄 수 없는 분모가 다른 대분수의 뺄셈

126쪽

① $3\frac{4}{9}$ ② $2\frac{9}{10}$ ③ $2\frac{7}{10}$
④ $4\frac{5}{18}$ ⑤ $1\frac{4}{5}$ ⑥ $2\frac{17}{20}$
⑦ $\frac{10}{21}$ ⑧ $4\frac{7}{24}$ ⑨ $3\frac{6}{7}$

127쪽

⑩ $\frac{11}{30}$ ⑪ $5\frac{13}{30}$ ⑫ $3\frac{29}{32}$ ⑬ $2\frac{17}{36}$ ⑭ $4\frac{23}{36}$ ⑮ $1\frac{23}{40}$ ⑯ $6\frac{37}{42}$
⑰ $5\frac{22}{45}$ ⑱ $1\frac{22}{45}$ ⑲ $3\frac{31}{48}$ ⑳ $2\frac{39}{50}$ ㉑ $1\frac{41}{55}$ ㉒ $4\frac{23}{56}$ ㉓ $1\frac{41}{60}$
㉔ $2\frac{44}{63}$ ㉕ $2\frac{59}{68}$ ㉖ $\frac{27}{70}$ ㉗ $2\frac{25}{72}$ ㉘ $1\frac{73}{75}$ ㉙ $7\frac{57}{80}$ ㉚ $5\frac{61}{80}$

128쪽

㉛ $1\frac{5}{8}$ ㉜ $5\frac{5}{12}$ ㉝ $\frac{9}{14}$ ㉞ $3\frac{4}{5}$ ㉟ $2\frac{11}{16}$ ㊱ $3\frac{7}{20}$ ㊲ $2\frac{13}{20}$
㊳ $4\frac{23}{24}$ ㊴ $4\frac{17}{24}$ ㊵ $3\frac{27}{28}$ ㊶ $\frac{17}{30}$ ㊷ $4\frac{23}{33}$ ㊸ $5\frac{22}{35}$ ㊹ $2\frac{17}{36}$
㊺ $3\frac{16}{39}$ ㊻ $1\frac{31}{40}$ ㊼ $1\frac{31}{42}$ ㊽ $6\frac{19}{44}$ ㊾ $4\frac{41}{45}$ ㊿ $2\frac{29}{50}$ (51) $3\frac{23}{51}$

129쪽

(52) $1\frac{27}{56}$ (53) $3\frac{41}{60}$ (54) $4\frac{43}{63}$ (55) $2\frac{23}{65}$ (56) $2\frac{37}{66}$ (57) $4\frac{59}{68}$ (58) $3\frac{43}{70}$
(59) $3\frac{31}{72}$ (60) $1\frac{73}{75}$ (61) $7\frac{43}{76}$ (62) $2\frac{31}{78}$ (63) $2\frac{59}{84}$ (64) $1\frac{37}{84}$ (65) $2\frac{37}{85}$
(66) $5\frac{75}{88}$ (67) $1\frac{59}{90}$ (68) $1\frac{82}{91}$ (69) $1\frac{59}{92}$ (70) $3\frac{77}{96}$ (71) $4\frac{53}{108}$ (72) $4\frac{23}{40}$

31

어떤 수 구하기

130쪽

① $\frac{1}{2}$, $\frac{1}{2}$

② $\frac{2}{3}$, $\frac{2}{3}$

③ $3\frac{1}{2}$, $3\frac{1}{2}$

④ $2\frac{1}{9}$, $2\frac{1}{9}$

131쪽

⑤ $1\frac{1}{12}$, $1\frac{1}{12}$

⑥ $\frac{7}{18}$, $\frac{7}{18}$

⑦ $1\frac{3}{4}$, $1\frac{3}{4}$

⑧ $\frac{2}{7}$, $\frac{2}{7}$

⑨ $3\frac{1}{3}$, $3\frac{1}{3}$

⑩ $\frac{17}{20}$, $\frac{17}{20}$

⑪ $1\frac{9}{28}$, $1\frac{9}{28}$

⑫ $1\frac{1}{6}$, $1\frac{1}{6}$

⑬ $4\frac{31}{36}$, $4\frac{31}{36}$

⑭ $3\frac{3}{5}$, $3\frac{3}{5}$

132쪽

⑮ $\frac{1}{5}$

⑯ $\frac{3}{4}$

⑰ $\frac{17}{28}$

⑱ $3\frac{13}{30}$

⑲ $\frac{5}{6}$

⑳ $1\frac{4}{9}$

㉑ $1\frac{13}{15}$

㉒ $\frac{8}{9}$

㉓ $\frac{1}{4}$

㉔ $1\frac{5}{6}$

㉕ $\frac{29}{48}$

㉖ $3\frac{7}{16}$

133쪽

㉗ $2\frac{3}{4}$

㉘ $2\frac{1}{2}$

㉙ $\frac{5}{12}$

㉚ $1\frac{5}{24}$

㉛ $1\frac{3}{4}$

㉜ $\frac{1}{15}$

㉝ $1\frac{1}{12}$

㉞ $\frac{9}{10}$

㉟ $6\frac{7}{30}$

㊱ $\frac{37}{40}$

㊲ $3\frac{1}{42}$

㊳ $2\frac{43}{45}$

32

계산 Plus+ 분수의 뺄셈

134쪽

① $\frac{1}{4}$

② $\frac{2}{9}$

③ $\frac{1}{10}$

④ $\frac{5}{48}$

⑤ $2\frac{4}{15}$

⑥ $4\frac{11}{36}$

⑦ $\frac{25}{28}$

⑧ $2\frac{7}{15}$

135쪽

⑨ $\frac{1}{5}$

⑩ $\frac{8}{15}$

⑪ $2\frac{1}{20}$

⑫ $3\frac{13}{24}$

⑬ $2\frac{14}{39}$

⑭ $3\frac{17}{60}$

⑮ $4\frac{7}{18}$

⑯ $4\frac{10}{21}$

⑰ $4\frac{29}{40}$

⑱ $6\frac{29}{50}$

136쪽

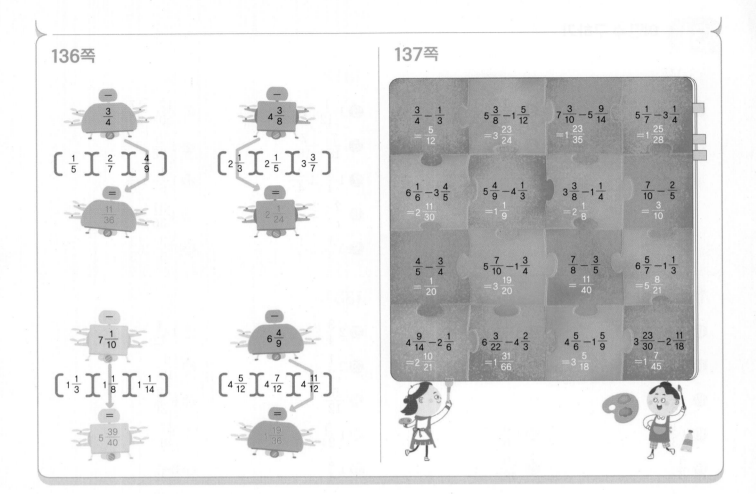

137쪽

$\dfrac{3}{4} - \dfrac{1}{3}$
$= \dfrac{5}{12}$

$5\dfrac{3}{8} - 1\dfrac{5}{12}$
$= 3\dfrac{23}{24}$

$7\dfrac{3}{10} - 5\dfrac{9}{14}$
$= 1\dfrac{23}{35}$

$5\dfrac{1}{7} - 3\dfrac{1}{4}$
$= 1\dfrac{25}{28}$

$6\dfrac{1}{6} - 3\dfrac{4}{5}$
$= 2\dfrac{11}{30}$

$5\dfrac{4}{9} - 4\dfrac{1}{3}$
$= 1\dfrac{1}{9}$

$3\dfrac{3}{8} - 1\dfrac{1}{4}$
$= 2\dfrac{1}{8}$

$\dfrac{7}{10} - \dfrac{2}{5}$
$= \dfrac{3}{10}$

$\dfrac{4}{5} - \dfrac{3}{4}$
$= \dfrac{1}{20}$

$5\dfrac{7}{10} - 1\dfrac{3}{4}$
$= 3\dfrac{19}{20}$

$\dfrac{7}{8} - \dfrac{3}{5}$
$= \dfrac{11}{40}$

$6\dfrac{5}{7} - 1\dfrac{1}{3}$
$= 5\dfrac{8}{21}$

$4\dfrac{9}{14} - 2\dfrac{1}{6}$
$= 2\dfrac{10}{21}$

$6\dfrac{3}{22} - 4\dfrac{2}{3}$
$= 1\dfrac{31}{66}$

$4\dfrac{5}{6} - 1\dfrac{5}{9}$
$= 3\dfrac{5}{18}$

$3\dfrac{23}{30} - 2\dfrac{11}{18}$
$= 1\dfrac{7}{45}$

---

33 분수의 뺄셈 평가

138쪽

❶ $\dfrac{1}{6}$

❷ $\dfrac{7}{10}$

❸ $\dfrac{11}{20}$

❹ $\dfrac{17}{42}$

❺ $\dfrac{17}{50}$

❻ $3\dfrac{1}{4}$

❼ $1\dfrac{1}{4}$

❽ $5\dfrac{1}{36}$

❾ $2\dfrac{7}{45}$

❿ $1\dfrac{23}{54}$

139쪽

⓫ $2\dfrac{5}{8}$

⓬ $1\dfrac{8}{15}$

⓭ $2\dfrac{19}{24}$

⓮ $6\dfrac{32}{35}$

⓯ $\dfrac{39}{40}$

⓰ $3\dfrac{27}{55}$

⓱ $\dfrac{17}{24}$

⓲ $5\dfrac{17}{48}$

⓳ $2\dfrac{13}{14}$

⓴ $\dfrac{17}{30}$

6 다각형의 둘레와 넓이

34 정다각형, 사각형의 둘레

142쪽
1. 24 cm
2. 36 cm
3. 30 cm
4. 30 cm

143쪽
5. 18 cm
6. 22 cm
7. 24 cm
8. 32 cm
9. 22 cm
10. 26 cm
11. 28 cm
12. 32 cm

144쪽
13. 24 cm
14. 30 cm
15. 32 cm
16. 38 cm
17. 26 cm
18. 34 cm
19. 38 cm
20. 44 cm

145쪽
21. 16 cm
22. 24 cm
23. 32 cm
24. 40 cm
25. 20 cm
26. 28 cm
27. 36 cm
28. 48 cm

35 $1\,cm^2$, $1\,m^2$, $1\,km^2$의 관계

146쪽
1. 30000
2. 110000
3. 260000
4. 320000
5. 450000
6. 580000
7. 4000
8. 16000

147쪽
9. 5
10. 8
11. 19
12. 23
13. 37
14. 46
15. 50
16. 59
17. 62
18. 77
19. 0.2
20. 1.5
21. 5.2
22. 8.9

148쪽
23. 2000000
24. 7000000
25. 12000000
26. 24000000
27. 39000000
28. 43000000
29. 56000000
30. 63000000
31. 70000000
32. 84000000
33. 3400000
34. 5100000
35. 1250000
36. 4060000

149쪽
37. 6
38. 9
39. 13
40. 25
41. 30
42. 41
43. 55
44. 64
45. 87
46. 92
47. 0.8
48. 2.6
49. 3.8
50. 4.7

6 다각형의 둘레와 넓이

36 직사각형의 넓이

150쪽

❶ 20 cm²
❷ 24 cm²
❸ 32 cm²
❹ 45 cm²

151쪽

❺ 30 m²
❻ 40 m²
❼ 56 m²
❽ 90 m²
❾ 42 m²
❿ 50 m²
⓫ 72 m²
⓬ 99 m²

152쪽

⓭ 4 cm²
⓮ 64 cm²
⓯ 144 cm²
⓰ 256 cm²
⓱ 36 cm²
⓲ 121 cm²
⓳ 196 cm²
⓴ 361 cm²

153쪽

㉑ 9 m²
㉒ 81 m²
㉓ 169 m²
㉔ 289 m²
㉕ 49 m²
㉖ 100 m²
㉗ 225 m²
㉘ 400 m²

37 평행사변형, 삼각형의 넓이

154쪽

❶ 24 cm²
❷ 30 cm²
❸ 28 cm²
❹ 40 cm²

155쪽

❺ 35 m²
❻ 36 m²
❼ 45 m²
❽ 60 m²
❾ 42 m²
❿ 49 m²
⓫ 72 m²
⓬ 77 m²

156쪽

⓭ 10 cm²
⓮ 20 cm²
⓯ 27 cm²
⓰ 35 cm²
⓱ 15 cm²
⓲ 21 cm²
⓳ 32 cm²
⓴ 44 cm²

157쪽

㉑ 16 m²
㉒ 33 m²
㉓ 36 m²
㉔ 49 m²
㉕ 18 m²
㉖ 28 m²
㉗ 50 m²
㉘ 54 m²

38 마름모, 사다리꼴의 넓이

158쪽

❶ 9 cm^2 ❸ 18 cm^2

❷ 28 cm^2 ❹ 27 cm^2

159쪽

❺ 15 m^2 ❾ 20 m^2

❻ 24 m^2 ❿ 35 m^2

❼ 32 m^2 ⓫ 42 m^2

❽ 50 m^2 ⓬ 60 m^2

160쪽

⓭ 20 cm^2 ⓱ 30 cm^2

⓮ 40 cm^2 ⓲ 45 cm^2

⓯ 42 cm^2 ⓳ 45 cm^2

⓰ 49 cm^2 ⓴ 56 cm^2

161쪽

㉑ 39 m^2 ㉕ 42 m^2

㉒ 44 m^2 ㉖ 48 m^2

㉓ 60 m^2 ㉗ 72 m^2

㉔ 81 m^2 ㉘ 85 m^2

39 계산 Plus + 다각형의 둘레와 넓이

162쪽

❶ 12   ❹ 34

❷ 36   ❺ 54

❸ 50   ❻ 48

163쪽

❼ 28   ⓫ 39

❽ 36   ⓬ 44

❾ 50   ⓭ 54

❿ 30   ⓮ 55

164쪽

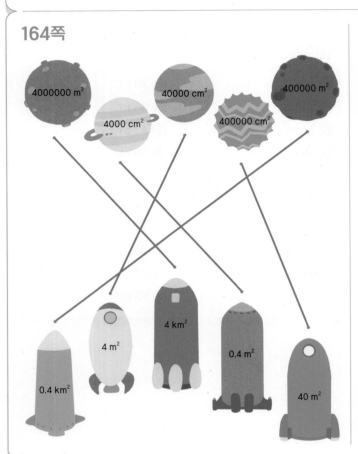

165쪽

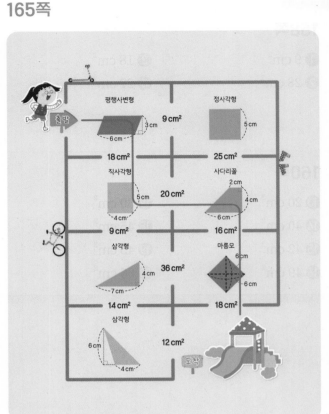

40 다각형의 둘레와 넓이 평가

166쪽

① 20 cm
② 24 cm
③ 20 cm
④ 26 cm
⑤ 24 cm

⑥ 70000
⑦ 43
⑧ 26000000
⑨ 5.4
⑩ 16 cm²
⑪ 35 cm²
⑫ 48 cm²

167쪽

⑬ 48 cm²
⑭ 63 cm²
⑮ 24 cm²
⑯ 42 cm²

⑰ 30 m²
⑱ 52 m²
⑲ 36 m²
⑳ 63 m²

170쪽

1 4

2 19

3 1, 2, 4, 8, 16

4 8, 16, 24, 32

5 1, 2, 4 / 4

6 3 / 30

7 $\dfrac{9}{36}$, $\dfrac{6}{24}$, $\dfrac{3}{12}$, $\dfrac{2}{8}$, $\dfrac{1}{4}$

8 $\dfrac{4}{9}$

9 예 $\dfrac{28}{36}$, $\dfrac{15}{36}$

171쪽

10 >

11 <

12 $\dfrac{59}{68}$

13 $5\dfrac{2}{3}$

14 $\dfrac{1}{54}$

15 $2\dfrac{5}{18}$

16 50000

17 12 cm

18 14 cm

19 10 cm²

20 12 cm²

172쪽

1 63

2 10

3 1, 2, 4, 8, 16, 32

4 12, 24, 36, 48

5 30, 60 / 30

6 4 / 144

7 예 $\dfrac{7}{28}$, $\dfrac{2}{8}$, $\dfrac{1}{4}$

8 $\dfrac{5}{12}$

9 예 $\dfrac{33}{84}$, $\dfrac{16}{84}$

173쪽

10 <

11 >

12 $1\dfrac{10}{21}$

13 $5\dfrac{5}{24}$

14 $\dfrac{3}{25}$

15 $5\dfrac{1}{10}$

16 15000000

17 21 cm

18 24 cm

19 32 m²

20 40 m²

174쪽

① 18

② 54

③ 1, 2, 3, 6, 9, 18, 27, 54

④ 32, 64, 96, 128

⑤ 54, 108 / 54

⑥ 12 / 168

⑦ 예 $\dfrac{12}{54}$, $\dfrac{18}{81}$, $\dfrac{24}{108}$

⑧ $\dfrac{8}{29}$

⑨ 예 $\dfrac{39}{96}$, $\dfrac{40}{96}$

175쪽

⑩ >

⑪ <

⑫ $1\dfrac{17}{52}$

⑬ $7\dfrac{17}{80}$

⑭ $\dfrac{3}{14}$

⑮ $2\dfrac{47}{75}$

⑯ 7000 / 8.2

⑰ 30 cm

⑱ 32 cm

⑲ 100 cm^2

⑳ 72 cm^2